Python 语言程序设计实训(微课版)

刘立群 刘 冰 杨 亮 丁 茜 编著

U0198216

清华大学出版社

北 京

内 容 简 介

"高级语言程序设计"是高校计算机基础教学的核心课程，它以高级编程语言为平台，介绍计算机程序设计的思想和方法，既可为后续学习相关计算机课程打下基础，也有利于帮助学生理解基本计算思想和方法，培养和训练利用计算机求解问题的基本能力。Python 语言具有语法简单、生态丰富、跨平台开发等优点，既适合零编程基础人员学习，也适合用户快速开发，是众多高校广泛开设的计算机语言课程。

本书针对初学者的特点，采用实例式教学方式编写，注重知识与实践的结合，具有结构严谨、表述简洁、案例生动等特点，既强调基础理论、基本知识和基本技能的学习，又注重培养学生的创新能力。本书的相关资源丰富，慕课资源、实验教程、电子教案等立体化教学资源免费开放下载，可以满足教师及学生的需求。

本书可以作为高等学校本科各专业及计算机相关专业学生的第一门计算机程序设计课程的教材，也可作为各类成人高等教育教学用书，以及相关人才培训教材和自学用书。

本书封面贴有清华大学出版社防伪标签，无标签者不得销售。

版权所有，侵权必究。举报：010-62782989，beiqinquan@tup.tsinghua.edu.cn。

图书在版编目(CIP)数据

Python 语言程序设计实训：微课版/刘立群等编著. —北京：清华大学出版社，2021.2(2022.2重印)
ISBN 978-7-302-57424-8

Ⅰ. ①P… Ⅱ. ①刘… Ⅲ. ①软件工具—程序设计—高等学校—教材 Ⅳ. ①TP311.561

中国版本图书馆 CIP 数据核字(2021)第 014429 号

责任编辑：陈冬梅
装帧设计：李 坤
责任校对：李玉茹
责任印制：杨 艳

出版发行：清华大学出版社
    网 址：http://www.tup.com.cn, http://www.wqbook.com
    地 址：北京清华大学学研大厦 A 座   邮 编：100084
    社 总 机：010-62770175   邮 购：010-62786544
    投稿与读者服务：010-62776969, c-service@tup.tsinghua.edu.cn
    质量反馈：010-62772015, zhiliang@tup.tsinghua.edu.cn
    课件下载：http://www.tup.com.cn, 010-62791865
印 装 者：小森印刷霸州有限公司
经 销：全国新华书店
开 本：185mm×260mm   印 张：9.75   字 数：237 千字
版 次：2021 年 2 月第 1 版   印 次：2022 年 2 月第 3 次印刷
定 价：30.00 元

产品编号：088815-01

前　　言

随着信息技术发展日新月异，移动通信、物联网、云计算、大数据等新技术的出现，信息技术已经融入社会生活的方方面面，深刻影响着人们的生产、生活和学习方式。在信息时代，人们应熟悉信息技术领域的基本知识和基本原理，理解利用计算机解决问题的思路、方法和手段。掌握基本的程序设计方法和简洁的程序设计语言是当今信息社会对人才基本能力的要求。

“高级语言程序设计”是高校计算机基础教学的核心课程，它以高级编程语言为平台，介绍计算机程序设计的思想和方法，既可为学生后续学习相关计算机课程打下基础，也有利于帮助学生理解基本计算思想和方法，培养和训练学生利用计算机求解问题的基本能力。

传统程序设计语言往往为了兼顾性能而采用较为复杂的语法，制约了程序设计语言作为普适计算工具在各学科专业的深入应用。Python 语言历经了三十多年的发展，因其具有语法简单、生态丰富、跨平台开发等一系列优点，成为一门重要的程序设计语言。Python 语言既适合零编程基础人员学习，也适合用户快速开发，是众多高校广泛开设的计算机语言课程。

本书的读者对象主要是初涉编程的学生，本书可作为各类高等院校的第一门计算机程序设计课程的教材。全书共设 27 个实训任务，内容包括 Python 语言概述、数据类型和表达式、控制语句、数据结构、函数模块、文件处理、综合应用等。本书具有以下特色：一是知识结构合理，语言表述简洁。针对零基础学生使用，避免使用复杂的专业术语，知识结构符合认知规律。二是案例联系实际，可操作性强。以培养学生实际应用能力为核心，选例注重趣味性和实用性。三是课程相关资源丰富，营造多维度立体化教学环境。相关慕课资源、实验教程、电子教案等立体化教学资源免费开放下载，可以满足教师及学生的需求。

本书由沈阳师范大学从事计算机基础教学工作的教师编写，书中实践案例为教师们近年来的教学经验总结，并且参考了国内有关教材、著作以及网站公开内容和教学案例。在此向致力于 Python 语言普及的广大教师、科研工作者、程序员朋友们表示感谢！

因编者学识有限，书中不足之处在所难免，恳请广大读者批评、指正。

编　者

目　　录

实验一　Python 环境的安装与运行

实验目标

- 了解 Python 的安装与运行。
- 熟悉 IDLE 环境的使用。
- 掌握第三方库的获取与安装。

实验 1　Python 环境的安装与运行.mp4

相关知识　⌄

IDE　IDLE　第三方库　解释器

实验要求

　　IDLE 是开发 Python 程序的基本 IDE(集成开发环境)，几乎具备了 Python 开发需要的所有功能，不需要其他配置，非常适合初学者使用，足以应付大多数简单应用。安装 Python 以后，IDLE 就自动安装好了。Python 语言有两个外部函数库：标准库和第三方库。标准库随 Python 安装包一起发布，用户可以随时使用；第三方库安装后才能使用。Python 官方提供的 pip 工具使第三方库的安装十分容易。

操作步骤

1. Python 的下载与安装

(1) 下载 Python。

① 打开 Python 官方网站的下载页面(网址是 https://www.python.org/downloads/)，如图 1.1 所示。

图 1.1　Python 官方网站

② 选择适合的操作系统(本书下载的是 Windows 版本),如图 1.2 所示。

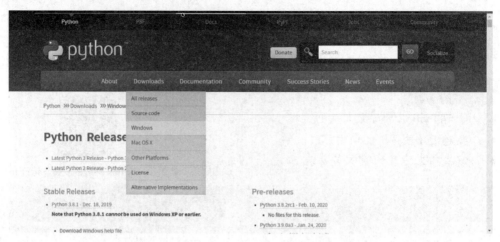

图 1.2　Python 适合的操作系统

 小贴士

全国计算机等级考试二级建议采用 Windows 7 操作系统、Python 3.4.2 至 Python 3.5.3 版本、IDLE 开发环境。

③ 选择要下载的 Python 版本(编写本书时选择的是 3.5.3 版本),如图 1.3 所示。

Note that Python 3.5.3 *cannot* be used on Windows XP or earlier.

- Download Windows help file
- Download Windows x86-64 embeddable zip file
- Download Windows x86-64 executable installer
- Download Windows x86-64 web-based installer
- Download Windows x86 embeddable zip file
- Download Windows x86 executable installer
- Download Windows x86 web-based installer

图 1.3　Python 官网发布的版本

 小贴士

Python 官网两个下载文件的区别: x86 是 32 位,x86-64 是 64 位。

可以通过下面三种途径获取 Python。

- web-based installer: 需要通过联网完成安装。
- executable installer: 以可执行文件(*.exe)方式安装。
- embeddable zip file: 嵌入式版本,可以集成到其他应用中。

④ 下载完成的安装包如图 1.4 所示。

| python-3.5.3-amd64 | 2020/2/16 11:09 | 应用程序 | 29,553 KB |

图 1.4　下载后的安装包

(2) 安装 Python。

① 双击运行下载的安装包文件，如图 1.5 所示。

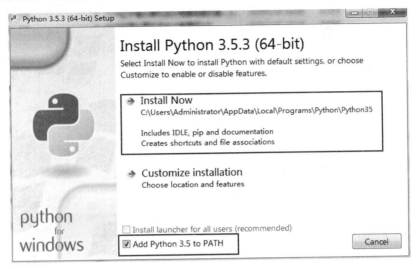

图 1.5 Python 的安装界面

为了能够在 Windows 命令行窗口直接调用 Python 文件，在安装时，选中 Add Python 3.5 to PATH 复选框，然后单击 Install Now 选项，安装程序会在默认安装目录下安装 Python.exe 库文件及其他文件。

② Python 的安装进度界面如图 1.6 所示。

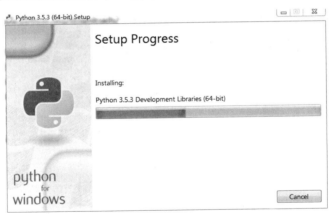

图 1.6 Python 的安装进度界面

③ Python 安装成功的界面如图 1.7 所示。

2. 熟悉 IDLE 环境的使用

(1) 启动 IDLE。在 Windows 的"开始"菜单中选择"所有程序"→Python 3.5→IDLE (Python 3.5 64-bit)，可以启动内置的解释器，如图 1.8 所示。(注：IDLE 对应的全称为 Integrated Development and Learning Environment，意为集成开发和学习环境，是 Python 的集成开发环境)

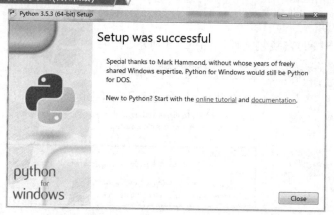

图 1.7 Python 安装成功界面

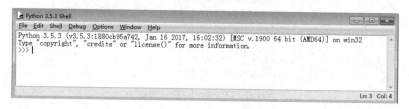

图 1.8 IDLE 集成开发环境

(2) 环境设置与常用菜单。

① 环境设置。单击 Options 菜单，选择 Configure IDLE 命令，弹出如图 1.9 所示的对话框，从中可以设置 IDLE 环境相关参数，如显示字体、字号等。将 IDLE 环境设置为字号"20"，加粗，单击 Ok 按钮后，查看环境有什么变化。

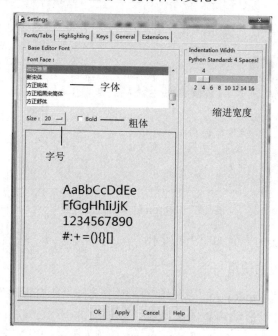

图 1.9 Settings 对话框

② File 菜单如图 1.10 所示。

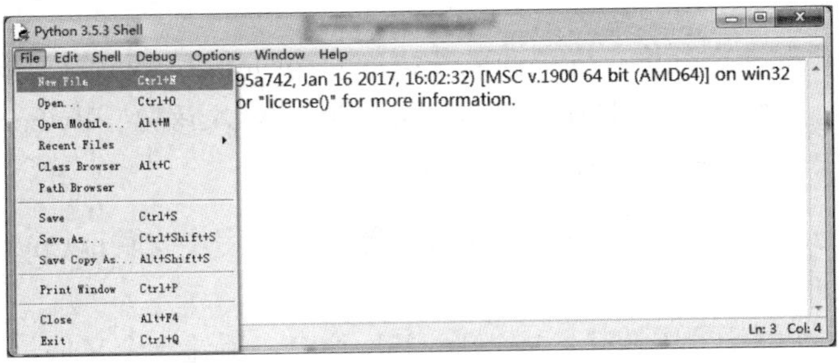

图 1.10　File 菜单

File 菜单中的常用命令如下。

- New File：新建文件。
- Open：打开文件。
- Open Module：打开模块。
- Recent Files：最近使用的文件。
- Save：保存。
- Save As：另存为。

③ IDLE 环境下的常用快捷键见表 1.1。

表 1.1　IDLE 环境下常用的快捷键

快　捷　键	说　　明
Alt+N/Alt+P	查看历史命令上一条/下一条
Ctrl+F6	重启 Shell，以前定义的变量全部失效
F1	打开帮助文档
Alt+/	自动补全前面曾经出现过的单词
Alt+3	将选中区域注释
Alt+4	将选中区域取消注释
Alt+5	将选中区域的空格替换为 Tab
Alt+6	将选中区域的 Tab 替换为空格
Ctrl+[/ Ctrl+]	缩进代码/取消缩进
Alt+M	打开模块代码，先选中模块，然后按此快捷键，会打开该模块的源代码
F5	运行程序

(3) 命令行执行方式。在提示符后面逐行输入命令后，查看运行结果，如图 1.11 所示。

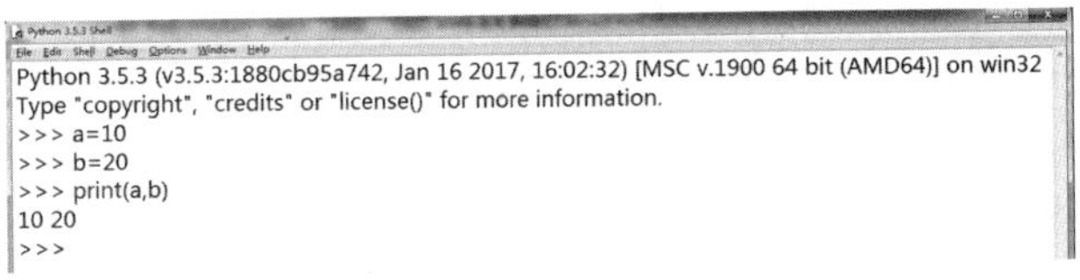

图 1.11　IDLE 命令行执行方式

小贴士

在 Python 中采用命令行执行方式和文件执行方式两种运行方式。启动 IDLE，默认进入命令行执行方式。"">>>"为提示符，在提示符后可输入语句，Python 解释器(Shell)负责解释并执行命令；新的一行又会出现提示符。

(4) 文件执行方式。文件执行方式是在解释器中建立程序文件(以.py 为扩展名)，然后调用并执行这个文件。

① 新建文件。在解释器中选择 File→New File 命令，新建一个文件，如图 1.12 所示。

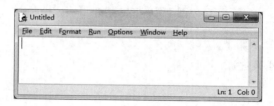

图 1.12　新建文件界面

② 输入并保存。输入命令(见图 1.13)，选择 File→Save 命令，输入文件名"实验1.py"，将文件保存到"桌面"。

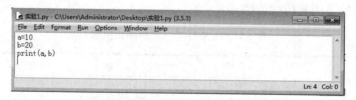

图 1.13　实验 1.py 文件

③ 运行程序。选择 Run→Run Module 命令(见图 1.14)(或按 F5 键)运行程序，运行结果如图 1.15 所示。

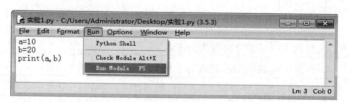

图 1.14　运行程序

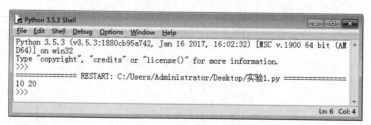

图 1.15　程序运行结果

3. 第三方库的获取与安装

(1) 使用 pip 安装。

pip 是 Python 官方 pypi.python.org 提供并维护的在线第三方库安装工具。使用 pip 命令安装 Python 第三方库必须在命令提示符环境中进行。

① 按 Win+R 组合键，弹出"运行"对话框，输入 cmd 命令，如图 1.16 所示，单击"确定"按钮，打开命令窗口，如图 1.17 所示。

图 1.16　输入 cmd 命令

图 1.17　命令窗口

② 按照如下命令安装 wyb 第三方库：

```
:\>pip install wyb
```

该命令执行后会通过网络下载 wyb 第三方库并安装，执行过程如图 1.18 所示。

```
C:\Users\Administrator>pip install wyb
Collecting wyb
  Downloading wyb-0.0.1-py3-none-any.whl (2.3 kB)
Installing collected packages: wyb
Successfully installed wyb-0.0.1

C:\Users\Administrator>
```

图 1.18　用 pip 命令安装 wyb 库

 小贴士

在安装 Python 后，如果 pip 的版本较低，安装第三方库时会提示安装失败，如图 1.19 所示。

```
You are using pip version 9.0.1, however version 20.0.2 is available.
You should consider upgrading via the 'python -m pip install --upgrade pip' comm
and.
```

图 1.19　安装第三方库时的出错信息

将 pip 版本升级后才能继续安装，升级 pip 的命令如下：

```
:\>python -m pip install --upgrade pip
```

(2) 卸载第三方库。

使用 pip uninstall 命令卸载第三方库。卸载 wyb 库的命令如下：

```
:\>pip uninstall wyb
```

(3) 查看系统中已安装的第三方库。

使用 pip list 命令查看系统中已经安装的所有第三方库。

```
:\>pip list
```

查询结果如图 1.20 所示。

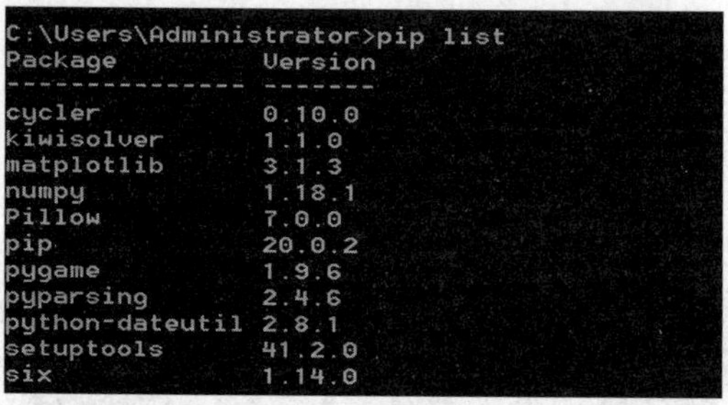

```
C:\Users\Administrator>pip list
Package          Version
---------------  -------
cycler           0.10.0
kiwisolver       1.1.0
matplotlib       3.1.3
numpy            1.18.1
Pillow           7.0.0
pip              20.0.2
pygame           1.9.6
pyparsing        2.4.6
python-dateutil  2.8.1
setuptools       41.2.0
six              1.14.0
```

图 1.20　查询结果

实验二　Python 的基本语法

实验目标

- 熟悉 IDLE 开发环境。
- 掌握 IDLE 环境下的命令行方式和文件方式。
- 了解 IDLE 常见错误。

实验 2　Python 的基本语法.mp4

相关知识　⌄

注释语句　强制缩进　程序文件的保存和运行

实验要求

　　IDLE 是开发 Python 程序的基本集成开发环境，其基本功能包括语法加亮、段落缩进、基本文本编辑、Tab 键控制和调试程序。本实验第一个环节介绍 IDLE 的基本应用以及常见错误，第二个环节实现 Python 程序文件创建、保存和运行的整个过程。

操作步骤

（1）启动 Python 的 IDLE 窗口，验证下面的语句。

① 分别输入如下内容后按 Enter 键，观察结果。注意命令中的双引号是英文的。

```
>>> print("Hello World") #print()用来输出指定的内容
>>> 3+4
>>> 2**3
>>> len("python")
```

小贴士

　　print 之前的三个大于号叫作提示符。print 语句的作用是在屏幕上输出括号中的内容，这里显示的是 "Hello World"。"#" 后面的内容是注释，在 Python 中显示为红色。

　　② 输入如下第一行内容后按 Enter 键，在蓝色提示信息后输入任意一个字母，例如 "s"，并按 Enter 键，在下面一行提示符后输入 "n" 并按 Enter 键，观察结果。

```
>>> n=input("请输入一个字母")
请输入一个字母 s
>>> n
```

小贴士

input 语句的作用是获取用户从键盘输入的信息。这里的信息被保存在变量 "n" 中，也就是 n="s"。

③ 输入如下两行内容后按 Enter 键，注意保留第二行的缩进，冒号是英文的，观察结果。

```
>>> for i in "python":
        print(i)
```

小贴士

IDLE 有自动缩进的机制，即输入 ":" 后，按 Enter 键会自动进行缩进。具有相同缩进的代码被视为代码块，":" 表示代码块的开始，这里缩进的 print 语句从属于 for 循环语句。

运行结果如下：

```
p
y
t
h
o
n
```

(2) 新建一个 Python 程序文件，实现"输入一段文字，竖行打印并统计字数"的功能。

① 启动 IDLE 窗口，选择 File→New File 命令，在弹出的新文件窗口中输入以下内容：

```
'''输入一段文字，竖行打印并统计字数'''
文本=input("请输入一段文字:")      #在冒号后输入一段文字
长度=len(文本)                   #用 len()函数获取文本长度
for i in 文本:                   #用 for 循环实现纵向打印
    print (i)
print("您输入了",长度,"个字")     #打印结果
```

小贴士

程序开头的三个单引号和每行语句后面的 "#"，都是 Python 的注释符，起到解释程序的作用。

② 选择 File→Save 命令，保存文件，文件名为 "e2.1.py"。

③ 选择 Run→Run Module 命令，运行程序文件，在提示信息的冒号后输入 "你好 Python"，观察结果。

小贴士

IDLE 执行命令是单行执行，程序不能永久保存，主要用于简单的语法测试。程序文件可以永久保存，随时反复执行。py 程序文件和我们平时使用的文件不一样。不能直接在文件上双击打开，要在 IDLE 中，选择 File→Open 命令打开。

运行结果如下：

```
请输入一段文字:你好 Python
你
好
P
y
t
h
o
n
您输入了 8 个字
```

④ 选择 File→Open 命令，打开刚才创建的程序文件"e2.1.py"，按下面的内容修改。选择 File→Save As 命令，另存为"e2.2.py"。运行程序并比较两个程序的区别。

```
'''输入一段文字，竖行打印并统计字数'''
文本=input("请输入一段文字:") ; 长度=len(文本)
for i in 文本:print (i)
print("您输入了",长度,"个字")          #打印结果
```

运行结果如下：

```
请输入一段文字:你好 Python
你
好
P
y
t
h
o
n
您输入了 8 个字
```

两个程序的运行结果相同。后面程序的第二行"文本=input("请输入一段文字:") ; 长度=len(文本)"，使用分号把两个简单语句放在同一行，虽然只有一行，但包含两条命令。第三行中的 for 语句和冒号后面的语句属于同一个逻辑行，所以可以直接放在同一行，算一条命令。

(3) IDLE 常见错误。

① 启动 Python 的 IDLE 窗口，验证下面的语句(注意在 print 的前面输入一个空格)：

```
>>>  print(123)
```

后面会显示如下错误提示信息：

```
SyntaxError: unexpected indent
```

小贴士

出现 "unexpected indent" 这个错误的原因是出现了未知缩进，因为在 print 的前面加了一个空格，错误地使用了缩进。错误信息中出现 "indent" 这个单词，表示该错误跟缩进有关。Python 语言对于缩进的要求非常严格。

② 在 IDLE 窗口，验证下面的语句：

```
>>> print "你好"
```

后面会显示如下错误提示信息：

```
SyntaxError: Missing parentheses in call to 'print'. Did you mean
print("你好")?
```

小贴士

这又是一个语法错误。括号是 print 命令必不可少的一部分，不能省略。提示信息中出现 "SyntaxError" 这个单词，表示该错误是语法错误，需要检查程序中的语法使用是否正确。

③ 选择 IDLE 窗口，验证下面的语句。

```
>>> 3+"a"
```

后面会显示如下错误提示信息：

```
TypeError: unsupported operand type(s) for +: 'int' and 'str'
```

小贴士

"TypeError" 表示类型错误，这里 3 和 "a" 属于不同的数据类型，所以不能相加。

实验三 turtle 库的使用

实验目标

- 熟悉 Python 语言中标准库的导入语句。
- 掌握 turtle 库的基本绘图语句。
- 能够使用 turtle 库绘制基本图形。
- 了解 Python 语言中的 for 循环结构。

实验 3 Turtle 库.mp4

相关知识 ⌄

导入语句 import 的用法　turtle 库中的绘图语句

本实验用到的主要函数如表 3.1 所示。

表 3.1　本实验用到的主要函数

命　令	说　明
forward(distance)	向当前画笔方向移动 distance 像素长度，可简写成 fd()
backward(distance)	向当前画笔方向的反方向移动 distance 像素长度，可简写成 bk()
circle(radius, extent,steps=N)	画圆，radius 为半径，可为正(负)，表示圆心在画笔的左边(右边)画圆；extent 为圆心角，省略该参数画完整的圆，添加该参数画圆弧；steps=参数，绘制内切于圆或者圆弧的 n 边形
speed(0-10)	设置画笔移动速度，由 1 到 10 依次加快，0 为最快速
right(degree)	按当前方向顺时针旋转 degree 度，可简写为 rt()
left(degree)	按当前方向逆时针旋转 degree 度，可简写为 lt()
setheading(angle)	设置当前朝向为 angle 角度，海龟初始正右方为 0 度，可简写为 seth()
pendown()	落笔，移动海龟画笔时绘制图形，可简写为 pd()
penup()	提笔，移动海龟画笔时不绘制图形，可简写为 pu()或 up()
goto(x,y)	将海龟画笔移动到坐标为 x,y 的位置
clear()	清除画布上所绘制的图形，海龟画笔的位置和方向不变
home()	设置当前海龟画笔位置为原点，指向正右方
pencolor(c)	设置海龟画笔颜色，括号内为颜色字符串或颜色代码
fillcolor(c)	设置填充颜色，括号内为颜色字符串或颜色代码
color(c1,c2)	c1 为画笔颜色，c2 为填充颜色，可同时设置
begin_fill()	设置开始填充位置
end_fill()	在上一个开始填充位置后绘制的图形中填充 fillcolor 指定的颜色

命　令	说　明
setup(width,height,left,top)	设置海龟窗口的宽度、高度和显示位置。width 和 height 为正数时代表像素，为小数时代表占显示器的百分比。省略 left 和 top 参数，窗口显示在屏幕正中
screensize(width,height,color)	设置画布宽度、高度和颜色
shape(形状参数)	设置海龟画笔的形状，默认为箭头，可以设置为 arrow、turtle、circle、square、triangle、classic 等形状
hideturtle()/showturtle()	隐藏/显示海龟画笔

 实验要求

　　turtle 是 Python 重要的标准库之一，使用 turtle 库能够进行基本的图形绘制。简单来讲，在一个画布窗口上，用 Python 命令模拟一个小海龟在爬行，海龟爬行的轨迹形成绘制的图形。本实验要求掌握 turtle 库中的基本命令。

 操作步骤

1. 绘制基本图形

实验 3-1.1　绘制基本图形.mp4　实验 3-1.2　绘制基本图形.mp4

　　(1) 在 IDLE 中执行命令 import turtle，导入 turtle 库中的所有函数。

　　(2) 在 IDLE 中执行以下命令，绘制图 3.1 中边长为 100 的正方形。

```
>>> import turtle          #导入 turtle 库中的所有函数
>>> turtle.forward(100)    #"海龟"向前行进 100 像素
>>> turtle.left(90)        #"海龟"向左转 90°
>>> turtle.forward(100)
>>> turtle.left(90)
>>> turtle.forward(100)
>>> turtle.left(90)
>>> turtle.forward(100)
>>> turtle.left(90)
```

 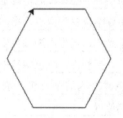 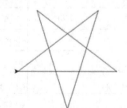

图 3.1　要绘制的 3 种图形

小贴士

通过 import turtle 命令导入 turtle 库中的函数后，要在函数名前加 "turtle." 来使用库中的函数。forward() 可以简写为 fd()，left() 可以简写为 lt()。跟这两个函数近似的有：backward() 函数可以让 "海龟" 后退指定的像素距离，right() 函数可以让 "海龟" 向右旋转一定的角度。各函数的简写形式见表 3.1。

(3) 执行以下命令，绘制图 3.1 中边长为 100 的正六边形。

```
>>> turtle.clear()        #清除画布上原有笔迹
>>> turtle.fd(100)
>>> turtle.rt(60)
>>> turtle.fd(100)
>>> turtle.rt(60)
>>> turtle.fd(100)
>>> turtle.rt(60)
>>> turtle.fd(100)
>>> turtle.rt(60)
>>> turtle.fd(100)
>>> turtle.rt(60)
>>> turtle.fd(100)
>>> turtle.rt(60)
```

小贴士

从 (2) 和 (3) 可以看出，如果绘制一个规则的图形，可能有很多语句是重复执行的，这时可以使用循环语句 for 来简化程序的执行，比如绘制正方形和正六边形的代码分别可以改写为如下：

```
>>> for i in range(4):        #循环程序绘制正方形
        turtle.fd(100)
        turtle.lt(90)
```

```
>>> turtle.clear()            #循环程序绘制正六边形
>>> for i in range(6):
        turtle.fd(100)
        turtle.rt(60)
```

(4) 执行以下命令，尝试填写空白处内容，绘制图 3.1 中边长为 200 的五角星。

```
>>> turtle.clear()
>>> for i in range(___?___):
        turtle.fd(200)
        turtle.left(___?___)
```

(5) 关闭海龟绘图窗口。

2. 绘制不连续图形

(1) 打开 IDLE，选择 File→New File 命令，建立一个程序 "e3.1.py"。

实验 3-2 绘制不连续图形.mp4

(2) 在新程序窗口中建立以下程序，绘制如图 3.2 所示的数字"20"。

```
#e3.1
from turtle import *
pensize(4)          #设置笔粗 4 像素
penup()             #抬笔，移动海龟时不绘制路线。也可写作 pu() 或 up()
goto(-100,100)      #移动海龟到指定坐标位置
pendown()           #落笔，使用绘图命令时产生路线。也可写作 down() 或 pd()
fd(100)
seth(270)
fd(100)
seth(180)
fd(100)
seth(270)
fd(100)
seth(0)
fd(100)             #以上绘制数字 2
penup()
goto(100,100)
pendown()
fd(100)
seth(270)
fd(200)
seth(180)
fd(100)
seth(90)
fd(200)
seth(0)             #以上绘制数字 0
```

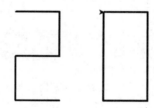

图 3.2　数字"20"

(3) 保存程序并按 F5 键运行。

使用 from turtle import *命令，可以导入 turtle 库中的所有函数，并且在使用这些函数时，前面可以省略"turtle."。"*"代表"所有的"。使用 from…import 命令也可以从库中导入一个或多个函数。

seth()函数也是用来旋转海龟角度的。与 left()和 right()不同，left()和 right()以当前海龟角度为准，向左或右进行旋转；seth()与当前角度无关，只以正东方(正右方)为 0 度角进行旋转。可以说 left()与 right()是相对旋转，而 seth()是绝对旋转。

3. 绘制彩色同心圆

(1) 打开 IDLE，选择 File→New File 命令，建立一个程序"e3.2.py"。

(2) 在新程序窗口中建立以下程序，绘制如图 3.3 所示的彩色同心圆图形。

实验 3-3　绘制彩色同心圆.mp4

```
# e3.2
from turtle import *
pensize(2)
speed(10)                #绘画加速
c=["red","yellow","blue","green","purple"]    #建立颜色列表 C，可自行添加颜色
for i in range(10):
        penup()
        pencolor(c[i % 5])          #依次设置海龟画笔颜色为颜色列表中的颜色
        goto(0,-10*i)               #每次画圆前，先移动绘图起点
        pendown()
        circle(10+i*10)             #画圆，半径依次增大 10 像素，即先画小圆，再画大圆
```

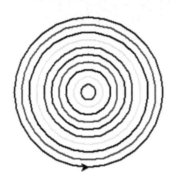

图 3.3　同心圆图形

(3) 保存程序并按 F5 键运行。

小贴士

变量 c 是一个列表型数据，代表绘图笔的颜色。本例中列表元素可以使用大多数代表颜色的英文单词。

(4) 修改程序，调整 pensize() 和颜色列表的值，画一组具有不同颜色的实心圆，并将程序保存后运行。

4. 绘制有填充效果的同心圆

(1) 打开 IDLE，选择 File→New File 命令，建立一个程序"e3.3.py"。

实验 3-4　绘制有填充效果的同心圆.mp4

(2) 在新程序窗口中输入以下程序，绘制如图 3.4 所示的图案。

```
#e3.3
from turtle import *
```

```
speed(0)
hideturtle()
c=["red","yellow","blue","green","purple"]
for i in range(10,0,-1):              #本例先画大圆，再画小圆
    penup()
    color(c[i % 5],c[i % 5])          #设置画笔颜色和填充颜色相同
    goto(0,-10*i)
    begin_fill()                      #准备开始填充
    pendown()
    circle(10+i*10)
    end_fill()                        #本次填充结束
```

图 3.4　带有填充效果的同心圆

小贴士

　　使用 color()函数可以同时设置海龟画笔颜色和填充颜色。本例中海龟画笔颜色和填充颜色的设置是相同的。

　　(3) 修改程序，画一组使用不同颜色填充的同心圆，并将程序保存后运行。

5. 绘制彩色图案

　　(1) 打开 IDLE，选择 File→New File 命令，建立一个程序"e3.4.py"。

实验 3-5　绘制彩色图案.mp4

　　(2) 在新程序窗口中建立以下程序，绘制如图 3.5 所示的彩色图案。

```
#e3.4
import turtle as t
from random import choice   #从 random 库中只导入一个 choice 函数
t.setup(400,400)             #设置海龟窗口为 400×400
t.screensize(400,400,"lightgreen")        #设置画布大小为 400×400，浅绿色
t.speed(0)
c=["red","yellow","green","blue","purple","azure"]
for i in range(100):
    t.pencolor(choice(c))    #设置画笔颜色为从颜色列表 c 中随机选出的一个颜色
    t.fd(i*2)
```

```
        t.left(___?___)                    #在括号内填写 60、100、150，分别可产生图 3.5 中的三种图案
    else:
        print("绘图完毕")                   #循环执行完毕后，显示"绘图完毕"四个字
    t.hideturtle()                          #隐藏海龟箭头，让画面更加整洁
```

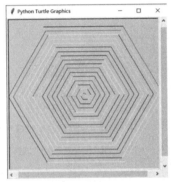 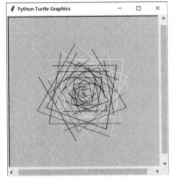 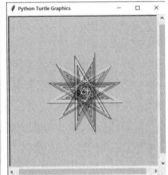

图 3.5　彩色图案

(3)　保存程序并按 F5 键运行。

 小贴士

使用 import turtle as t 可以为 turtle 起一个"小名"，在输入代码时，用"小名"代替 turtle 可以减少代码输入量，也可避免与其他库函数重名。

使用 from random import choice 命令，从 random 库中只导入一个 choice()函数，该函数的作用是从列表中随机选择一个列表元素。使用 from…import…命令，可以从指定的库中导入一个或多个函数。

setup()函数用来设置海龟窗口的大小，也隐含地设置了画布的大小。默认状态下画布与窗口大小相同。screensize()函数可以单独设置画布的大小和背景色。画布可以大于海龟窗口，这时海龟窗口自动加滚动条。

实验四　程序设计 IPO

实验目标

- 熟悉 Python 开发环境。
- 了解程序设计的基本结构。
- 掌握基本数据类型、运算符和表达式。
- 掌握输入输出函数的使用。

实验 4　程序设计 IPO.mp4

相关知识

常量　变量　运算符　表达式　输入输出

函数列表：

eval(str [,globals[,locals]])	将字符串 str 当成有效的表达式来求值，并返回计算结果
input([prompt])	显示提示信息 prompt，并返回用户输入
print(value1, value2, ..., sep=' ', end='\n')	按指定格式输出各 value 的值，sep 为间隔符，end 为结束符，'\n'为回车符

 实验要求

在 IDLE 环境中，完成程序代码的输入、保存、调试和运行。熟悉程序的基本结构，熟练使用 Python 中的运算符和表达式，完成下面的程序设计任务。

Python 程序的基本框架可以概括为 IPO 结构，即数据输入(Input)、数据处理(Process)、数据输出(Output)。程序是用来求解特定问题的，而问题的求解都可以归结为计算问题，IPO 结构正是反映了实际问题的计算过程。

数据输入(Input)是问题求解所需数据的获取，可以用函数、文件等完成输入，也可以由用户输入。数据处理(Process)是对输入的数据进行运算。这里的运算可以是数值运算、文本处理、数据库操作等。可以使用运算符、表达式实现简单的运算，或者调用函数、方法完成复杂的运算。数据输出(Output)是显示输出数据计算的结果，有图形输出、文件输出等输出形式。

下面通过编写简单的"个税计算器"程序来体会程序的基本结构。

我国的个人所得税税率是阶梯式的，个人的收入越高，对应的个税税率也就越高。2019 年公布的个人所得税的税率见表 4.1。

表 4.1　2019 年个人所得税税率表

级　数	全月应纳税所得额	税率/%	扣除数/元
1	不超过 3000 元的	3	0
2	超过 3000 元至 12000 元的部分	10	210
3	超过 12000 元至 25000 元的部分	20	1410
4	超过 25000 元至 35000 元的部分	25	2660
5	超过 35000 元至 55000 元的部分	30	4410
6	超过 55000 元至 80000 元的部分	35	7160
7	超过 80000 元的部分	45	15160

张三在 2019 年 1 月份应发工资 10000 元，他需要缴纳社会保险金(五险一金)2200 元，那么他的税后工资是多少呢？

已知 2019 年个税起征点为 5000 元，那么根据表 4.1 的税率表，在不考虑个人所得税专项附加扣除的情况下：

应纳税所得额=(应发工资-五险一金)-个税起征点

应缴个税=应纳税所得额×税率-速算扣除数

税后工资=应发工资-五险一金-应缴个税

 操作步骤

(1) 编程计算税后工资。

① 新建文件。选择 File→New File 命令，打开程序窗口，如图 4.1 所示。

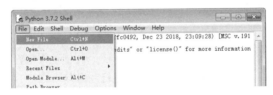

图 4.1　打开程序窗口

② 编写代码。

通过计算，张三的应纳税所得额为 2800 元：

应纳税所得额=(10000-2200)-5000 =2800(元)

通过查表可知，税率级数为 1，税率为 3%，扣除数为 0。输入代码如下：

```
#e4.1.1张三的个税计算器
应发工资 = eval(input("输入应发工资："))
五险一金 = eval(input("输入五险一金："))
应纳税所得额 = 应发工资 - 五险一金 - 5000      #个税起征点为5000
应缴个税 = 应纳税所得额 * 0.03 - 0            #税率为0.03，速算扣除数为0
税后工资=应发工资-五险一金-应缴个税
print("您应缴个人所得税为：%f\n 您的税后工资为：%f\n"%(应缴个税,税后工资) )
```

小贴士

编写代码时，注意其中的标点符号均为英文标点；"#"后面为注释语句，只是用来备注和说明，不会被执行。

说 明

常量是程序运行中其值不发生改变的量，变量是随着程序的运行其值会改变的量。如代码中的"税率""速算扣除数"和"个税起征点"为常量，"应发工资""五险一金""应纳税所得额""应缴个税""税后工资"均为变量。

"="为赋值符号。赋值语句先计算表达式的值，然后赋给变量。表达式是由运算符与常量、变量、函数等组成的式子。

代码中用到了三个内置函数：input 是输入函数，用于获取用户的输入；print 是输出函数，用于显示表达式的值，"%"用来控制输出的格式；eval 函数用来取出括号中的表达式，通常与 input 函数嵌套使用。

③ 保存运行。选择 Run→Run Module 命令或按 F5 键，单击"确定"按钮，如图 4.2 所示。将文件保存到"桌面"上的"实验 4.1.py"，窗口中显示运行结果，如图 4.3 所示。

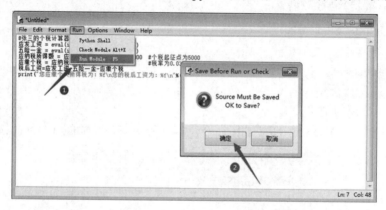

图 4.2 程序窗口运行和保存

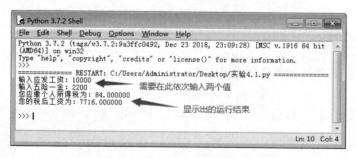

图 4.3 程序运行界面

(2) 打开程序文件，完善修改程序以实现能够计算两个级数的"个税计算器"。

① 打开文件。选择 File→Open 命令，打开"实验 4.1.py"的程序窗口，如图 4.4 所示。

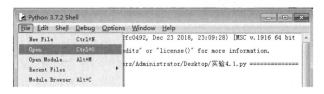

图 4.4　打开程序窗口

② 修改代码。使用 if 分支语句，为程序添加两个分支。代码如下：

```
#e4.1.2 两个分支的个税计算器
个税起征点 = 5000
应发工资 = eval(input("输入应发工资："))
五险一金 = eval(input("输入五险一金："))
应纳税所得额 = 应发工资 - 五险一金 - 个税起征点
if 应纳税所得额<=3000:        #税率表中级数 1 的分支
    税率=0.03
    速算扣除数=0
elif 应纳税所得额>3000 and 应纳税所得额<=12000: #税率表中级数 2 的分支
    税率=0.1
    速算扣除数=210
应缴个税=应纳税所得额*税率-速算扣除数
税后工资=应发工资-五险一金-应缴个税
print("您应缴个人所得税为：%f\n 您的税后工资为：%f\n"%(应缴个税,税后工资) )
```

注意代码中的缩进要一致。Python 使用缩进表示代码块，同一代码块必须缩进相同。if 和 elif 语句一定要以英文标点的冒号"："结束。代码中"#"后的内容为注释语句，可不用输入。

说明

代码中有两个关系表达式"应纳税所得额<=3000"和"应纳税所得额>3000 and 应纳税所得额<=12000"，注意其中关系运算大于等于(>=)、小于等于(<=)的表示方法。"and"是逻辑"与"运算符，其他逻辑运算符有"或"运算符"or"和"取反"运算符"not"。

if...elif 语句形成两个分支，语句后面的关系表达式是分支的条件，if 语句判断关系表达式的值，仅当为逻辑"True"时，执行该分支下的语句。

③ 保存并运行，结果如图 4.5 所示。

图 4.5　修改后的运行结果

说 明

此时输入应发工资 10000, 五险一金 1100, 则应纳税所得额为 3900 元, 应按级数 2 计算个税值, 程序执行第二个分支完成计算。

思 考

在程序运行结果中, "应发工资"和"应缴个税"分别是什么数据类型? 其他几个变量都是什么数据类型? 程序中的哪些数据是字符串类型? 哪些是布尔类型?

(3) 依据程序的 IPO 结构, 使用输入输出函数和表达式, 完成"复利计算器"程序, 如图 4.6 所示。

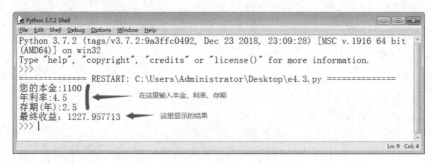

图 4.6　运行结果

说 明

复利计算器是把上一年度的利息加到下一年的本金来计算的。复利计息是相对于单利计息来说的, 也就是一般所说的利滚利。

复利计算的公式为

$$最终收益=本金×(1+年利率)^{年期}$$

① 新建文件。新建一个程序文件。

② 编写代码。编写代码完成复利计息的功能, 请将下列代码中下划线部分补充完整:

```
#e4.2复利计算器
本金=eval(input("您的本金:"))
年利率= ___?___
存期= ___?___
最终收益= ___?___
print("最终收益: %f"%(最终收益) )
```

③ 保存运行。运行无误后, 将文件保存, 文件名为"实验 4.2.py"。

小贴士

算术运算符及其描述如表 4.2 所示。

表 4.2　算术运算符

运　算　符	描　　述	运　算　符	描　　述
+	加	%	取模
−	减	**	幂
*	乘	//	整除
/	除		

(4) 依据程序的 IPO 结构，使用输入输出函数和表达式，完成"古尺计算器"程序设计。古代武侠小说里，形容人物的勇猛时，经常这样描述：此人身高八尺，威风凛凛。"八尺"到底有多高？请同学们设计完成一个程序，用来实现古尺的转换计算。程序运行结果如图 4.7 所示。

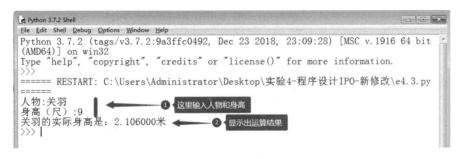

图 4.7　运行结果

现代的 1 尺大约等于 33.3 厘米，但是根据洛阳汉墓出土的古尺推断，汉代的尺与现代的尺长度不同。据专家的测量分析，东汉时期的 1 尺约为 23.4 厘米。

① 新建文件。新建一个程序文件。
② 编写代码。自行编写代码，完成程序功能。

说明

当输入的数据为字符时，直接使用 input 即可，不需要与 eval 函数嵌套。本例中的"人物"可以使用下面的语句：

```
name=input("人物:")
```

③ 保存运行。运行无误后，将文件保存，文件名为"实验 4.3.py"。

思 考

《三国演义》中就有这样的描述:

刘备,字玄德,身长七尺五寸,两耳垂肩,双手过膝……

关羽,字云长,身长九尺,髯长二尺,面如重枣……

张飞,字翼德,身长八尺,豹头环眼,燕颔虎须……

想知道刘、关、张到底有多高吗?对三国中其他人物的身高也来算一算吧!

实验五 表达式与内置函数

实验目标

- 熟悉 Python 的运算符和表达式。
- 掌握变量的赋值运算。
- 掌握内置函数的使用方法。

实验 5 表达式与内置函数.mp4

相关知识 ▼

表达式　赋值运算　内置函数

实验要求

在 IDLE 中，通过命令行方式，练习构造正确的 Python 表达式，并按要求完成特定计算。使用文件执行方式，通过编写代码，正确使用几个常用函数，完成海伦公式计算和进制转换的程序设计。

表达式是由常量、变量、函数和运算符组成的式子。常量是在程序运行中，其值不发生改变的数据对象。变量是在程序运行中，随着程序的运行其值改变的数据对象。常量和变量按其值的类型分为整型、浮点型、字符串型和布尔型等。Python 的运算符分为算术运算符、关系运算符和逻辑运算符等。

变量通过"="进行赋值。赋值方式有增量赋值、链式赋值和多重赋值。变量赋值的一般格式为

<变量名>=<表达式>

其中，"="还有多种形式，如+=、-=、*=、/=、%=、**=、//=。

Python 函数分为内置函数、标准库函数和第三方库函数。内置函数是系统自动载入的函数，可直接使用。

操作步骤

(1) 变量的赋值。

① 链式赋值。在命令行依次输入下面的语句后，将结果填写在横线处。

```
>>> a=100
>>> b=c=120            #将120同时赋值给b,c
>>> a,b=b,a            #交换a和b的值
>>> print(a,b,c)
```

执行上面的语句后，显示的结果为：＿＿＿＿＿＿。

② 增量赋值。在命令行依次输入下面的语句后，将结果填写在横线处。

```
>>> a,b=100,200
>>> a+=10                    #相当于 a=a+10
>>> b*=10                    #相当于 b=b*10
>>> print("a+b=",a+b)
```
执行上面的语句后，显示的结果为：＿＿＿＿＿＿＿。

③ 多重赋值。在命令行依次输入下面的语句后，将结果填写在横线处。

```
>>> x=15
>>> y=12
>>> x,y=y,x+y
>>> z=x+y
>>> print(x,y,z)
```
执行上面的语句后，显示的结果为：＿＿＿＿＿＿＿。

(2) 构造表达式完成计算。

使用 IDLE 的命令行方式可以即时计算表达式，并显示结果。如果正确输入运算符和表达式，IDLE 就可以当作计算器来使用。

① 测试表达式。在命令行输入下面语句，并在横线上填写语句执行的结果。

```
>>> x=5
>>> y=3
>>> 10+5**-1*abs(x-y)        #显示结果为_____
>>> 5**(1/3)/(x+y)           #显示结果为_____
>>> divmod(x,y)              #显示结果为_____
>>> int(pow(x,x/y))          #显示结果为_____
>>> round(pow(x,x/y),4)      #显示结果为_____
>>> sum(range(0,10,2))       #显示结果为_____
>>> 100//y%x                 #显示结果为_____
>>> x>y and x%2==0 and y%2==1 #显示结果为_____
```

小贴士

Python 运算表达式中的乘号不能省略。例如，数学表达式"c=ax+by"的正确表示方法为"c=a*x+b*y"。运算符"**""%""//"分别表示指数、取模和整除。表达式中只能通过小括号"("")"来改变运算顺序，不支持大括号"{ }"和中括号"[ ]"。本例中的相关函数请参考表 5.1 所示的内置函数功能说明。

表 5.1　内置函数功能说明

函 数 名	功　能
abs(x)	求绝对值。参数可以是整型，也可以是复数
chr(x)	返回整数 x 对应的 unicode 码
divmod(a, b)	返回一个由商和余数构成的元组。参数可以为整型或浮点型

续表

函　数　名	功　　能
hex(x)	将整数 x 转换为十六进制数
int([x])	将十进制数值取整(截去小数部分)
oct(x)	将一个数字转化为八进制数
ord(s)	返回单个字符的 unicode 码，返回值是一个整数
pow(x, y[, z])	返回 x 的 y 次幂
range([start], stop[, step])	产生一个序列，默认从 0 开始
round(x[, n])	将 x 进行四舍五入
sum(iterable[, start])	对集合、元组、列表求和

②　构造表达式。新建一个程序文件，按下面的算法编写合法的 Python 语句和表达式。要求运行程序后，能够正确完成计算，运行结果如图 5.1 所示。程序保存为"实验 5.1.py"。

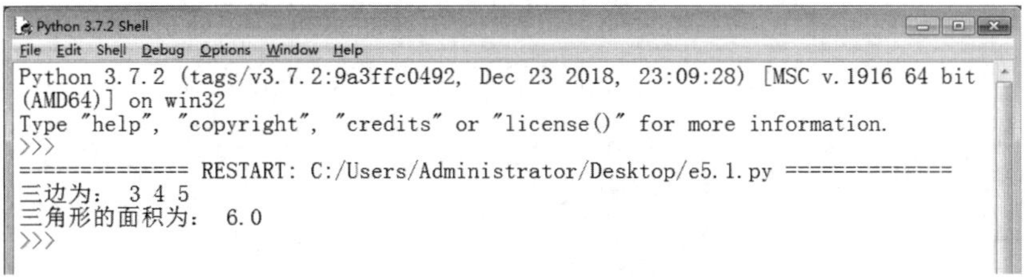

```
Python 3.7.2 Shell
File Edit Shell Debug Options Window Help
Python 3.7.2 (tags/v3.7.2:9a3ffc0492, Dec 23 2018, 23:09:28) [MSC v.1916 64 bit
(AMD64)] on win32
Type "help", "copyright", "credits" or "license()" for more information.
>>>
============== RESTART: C:/Users/Administrator/Desktop/e5.1.py ==============
三边为： 3 4 5
三角形的面积为： 6.0
>>>
```

图 5.1　程序运行结果

程序算法如下：

若三角形的边长 a、b、c 分别为 3、4、5，

p 为周长的一半，即 $p = \dfrac{a+b+c}{2}$。

三角形的面积 s：$s = \sqrt{p(p-a)(p-b)(p-c)}$。

小贴士

将算法中的每一行用一条或多条 Python 语句来表示。首先要为变量 a、b、c 赋初值，然后通过表达式运算求得 p 的值，最后显示输出 s 的值。

(3) 进制转换器(十进制转其他进制)。在表 5.1 中选择合适的内置函数，编程实现"进制转换器"。要求：输入任意一个十进制的整数后，输出对应的二进制、八进制和十六进制数。程序运行结果参见图 5.2。

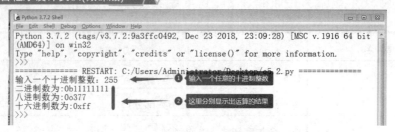

图 5.2　程序运行结果

① 进制转换的相关函数参见表 5.2。

表 5.2　进制转换的相关函数功能及实例

函 数 名	功能及实例
int(x)	将十进制数取整。如，int(101.65)的值为 101
int(x,base)	将 base 进制的合法的整数字符串转换为十进制整数。如 int('101',2)的值为 5，int('101',8)的值为 65，int('101',16)的值为 257
bin(x)	将十进制整数转换成二进制数字字符串。如 bin(255)的值为'0b11111111'
oct(x)	将十进制整数转换成八进制数字字符串。如 oct(255)的值为'0o377'
hex(x)	将十进制整数转换成十六进制数字字符串。如 hex(255)的值为'0xff'

② 编写代码。新建文件，输入下面的代码，并将代码补充完整。

```
#e5.2 进制转换器，十进制转其他进制
x=eval(input("输入一个十进制整数："))
x2=_____?_____
x8=_____?_____
x16=_____?_____
print('二进制数为:%s\n 八进制数为:%s\n 十六进制数为:%s'%(_____?_____))
```

 小贴士

这里的变量 x2、x8 和 x16 分别表示 x 的二进制、八进制和十六进制数。print 函数中的"%s"是字符型数据的占位符，"\n"表示回车换行。

③ 运行程序，将文件保存为"实验 5.2.py"。

(4) 进制转换器(其他进制转十进制)。在表 5.1 中选择合适的内置函数，编程实现"进制转换器"。要求：输入数的进制和一个整数后，显示输出对应的十进制数。程序运行结果参见图 5.3。

① 新建文件。

② 编写代码。输入下面的代码，并将代码补充完整。

```
#e5.3 进制转换器，其他进制转十进制
base=eval(input('输入转换的数的进制是：'))
x=input('输入一个整数：')
x10=_____?_____                    #x10 存放十进制数
print('%d 进制的"%s"对应的十进制数为：%d'%(_____?_____))
```

③ 运行程序。将文件保存为"实验 5.3.py"。

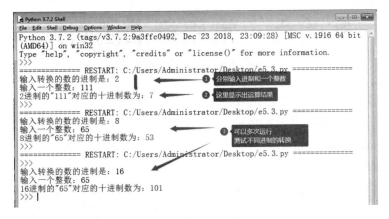

图 5.3　程序运行结果

实验六　常用标准函数库

实验目标

- 理解标准函数库的导入和使用。
- 掌握 random 库、time 库的用法。
- 了解 math 库函数的使用。

相关知识

随机数模块(random)　时间模块(time)　数学库模块(math)

实验要求

在 IDLE 中的命令行方式下，通过语句掌握标准函数库函数的格式和功能，熟练掌握几个标准库函数的使用，并编程完成几个具有特定功能的程序设计任务。

Python 中的函数就是一段完成某个运算的代码的封装。Python 函数分为内置函数、标准库函数和第三方库函数。丰富的库函数是 Python 区别于其他编程语言的主要特征，是快速求解问题和提高编程效率的主要工具。标准库函数和第三方库函数，使用前需要使用 import 语句导入。

操作步骤

(1) 随机数函数(random)。

① 测试相关函数的功能。在 IDLE 命令行输入下面的语句，并在横线上填写结果。

实验 6-1　随机函数.mp4

```
>>> import random as r
>>> r.seed(100)                  #以 100 为种子生成随机数的一个序列
>>> r.random()                   #[0.0,1.0)区间的随机浮点数，此次生成_____
>>> r.randint(10,50)             #[10,50]之间的随机整数，此次生成_____
>>> r.randrange(10,50,5)         #range(10,50,5)的随机整数，此次生成_____
>>> r.uniform(10,50)             #[10,50]之间的随机浮点数，此次生成_____
>>> r.choice('123456')           #从序列中随机挑选 1 个元素，此次生成_____
>>> r.sample('0123456789',2)     #从序列中随机挑选 2 个元素，此次生成_____
>>> r.getrandbits(4)             #生成一个 4 位长的随机整数，此次生成_____
>>> list=[1,2,3,4,5]
>>> r.shuffle(list)              #将序列元素随机排序
>>> list                         #排序后的序列为_____
```

小贴士

seed(100)以 100 为种子生成一个固定的随机数序列，之后的 random()会按顺序取出这个序列中的随机数。当仅使用 seed()时，默认以系统时间为种子，此时的随机数序列是随时间变化的。

 思考

我们为什么要设置 seed()函数的种子呢？默认的系统时间岂不是更好？

当我们希望生成的随机数能够复现的时候，就需要设置 seed()函数的种子。

② 编写"随机绘图"程序。新建文件，输入下面的代码。运行无误后，将文件保存为"实验 6.1.py"。程序运行结果如图 6.1所示。

实验 6-2　随机绘图.mp4

```
#e6.1 home 出发五彩星星
import random as r
import turtle as t
t.speed(0)
col=["red","yellow","blue","green","purple"]    #建立颜色列表C
for i in range(1,100):
    x=r.randint(1,100)
    c=r.choice(col)
    t.pencolor(c)
    t.circle(x,steps=5)
```

程序中圆半径的区间范围是____，绘制的多边形个数是____，每个多边形的起点坐标为____。

 小贴士

t.circle(x,steps=5)语句表示绘制以 x 为半径的圆的一个内接五边形。参数 steps=N，表示绘制内接于圆的 N 边形。t.speed(n)用来设置绘图的速度，由 1 到 10 依次加快，0 为最快速。

③ 编写程序。新建文件，参考下面的程序模板，完成绘制随机五彩万花筒的程序，程序的运行结果参见图6.2。运行无误后将文件保存为"实验 6.2.py"。

```
#e6.2 随机五彩万花筒
import random as r
import turtle as t
t.speed(0)
col=["red","yellow","blue","green","purple"]    #建立颜色列表C
for i in range(1,100):
    x=r.randint(1,10)
    c=r.choice(col)
##===请在下面填写代码=========
？？
##=======================
```

```
t.pencolor(c)
t.circle(x,steps=5)
```

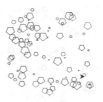

图 6.1　home 出发的五彩星星　　　　图 6.2　随机绘制万花筒

 小贴士

绘制随机五彩万花筒的关键是在绘制每个五边形时，绘制的起点坐标为随机数，可以通过随机函数生成一组随机坐标。

 思　考

调整程序中的各个参数，看看万花筒有什么变化。

④ 编写程序。新建文件，参考下面的程序模板，完成如图 6.3 所示的"随机数求和"程序。运行无误后将文件保存为"实验 6.3.py"。

```
#e6.3 随机数求和
import random as r
num=int(input('输入位数:'))
final=0
for i in range(num):
    rnum = r.randint(0,9)
    final=final+rnum**3
    print(rnum)
print('数字的立方和:',final)
```

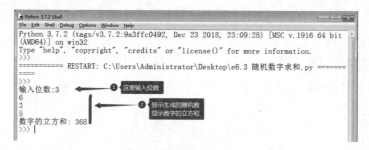

图 6.3　程序运行结果

(2) 时间函数(time)。

① 测试相关函数的功能。在 IDLE 命令行输入下面的语句，测试函数的功能，并在横线上填写结果。

实验 6-3　时间函数-测试.mp4

34

```
>>> import time
>>> time.time()          #返回当前系统时间的时间戳，显示结果为_____
>>> t=time.localtime()   #返回当前本地时间的时间元组
>>> t[0],t[1],t[2]       #时间元组中的元素，显示结果为_____
>>> time.asctime()       #以标准格式显示当前系统时间，显示结果为_____
>>> fmt1='%Y-%m-%d'      #定义时间格式字符串 fmt1
>>> fmt2='%Y-%m-%d %X'   #定义时间格式字符串 fmt2
>>> time.strftime(fmt1,t)   #以 fmt1 的格式显示时间 t，显示结果为_____
>>> time.strftime(fmt2,t)   #以 fmt2 的格式显示时间 t，显示结果为_____
>>> t1=time.strptime("2008-08-08",'%Y-%m-%d')   #北京奥运会的时间元组 t1
>>> t1[6],t1[7]          #t1 在本星期中的天数和当年中的天数，显示结果为_____
```

小贴士

　　此例中的 t 是一个时间元组，通过元素序号可以访问元组中的元素，如 t[0]表示 t 的第一个元素。fmt1 和 fmt2 是两个时间格式字符串，用来控制时间元组的显示样式。

实验 6-4 时间函数-打卡机.mp4

　　② 编写程序。新建文件，参考下面的程序模板，完成一个如图 6.4 所示的标准时间格式的"签到打卡机"程序。运行无误后将文件保存为"实验 6.4.py"。

```
#e6.4 签到打卡机1.0
import time as t
时间格式='%Y-%m-%d'                      #时间格式字符串
xh=input("请输入学号：")
t1=t.localtime()                        #t1=当前时间的时间元组
print('当前日期：',t.strftime(时间格式,t1))  #显示当前日期
print (xh,"号",t.asctime(),"打卡")        #以标准字符格式显示时间元组
```

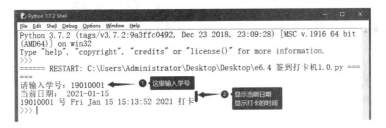

图 6.4　程序运行结果

　　③ 编写程序。参考下面的程序模板，完成一个如图 6.5 所示的自定义时间格式的"签到打卡机"程序。运行无误后将文件保存为"实验 6.5.py"。

```
#e6.5 签到打卡机1.0(自定义时间格式)
import time as t
时间格式='%Y-%m-%d'                      #时间格式字符串
时间格式1='____?____'
xh=input("请输入学号：")
t1=t.localtime()                        #t1=当前时间的时间元组
```

```
print('当前日期: ',t.strftime(时间格式,t1))        #显示当前日期
print (xh,"号",t.strftime(__?__,__?__)),"打卡")
```

图 6.5 程序运行结果

④ 编写程序。新建文件，参考下面的程序模板，完成一个如图 6.6 所示的"生日计算器"程序。运行无误后将文件保存为"实验 6.6.py"。

实验 6-5 时间函数-生日计算器.mp4

```
#e6.6 生日计算器
import time as t
fmt='%Y-%m-%d'
fmt1='%Y-%m-%d %A'
print('生日计算器：想知道你的生日是星期几吗？')
birth=input("请输入你的生日(YYYY-mm-dd): ")
t1=t.strptime(birth,___?__)
print ("你的生日为: ",t.strftime(__?___,__?__))
```

图 6.6 程序运行结果

(3) 数学函数(math)。

① 测试相关函数的功能。在 IDLE 命令行输入下面的语句，测试函数的功能，并在横线上填写结果。

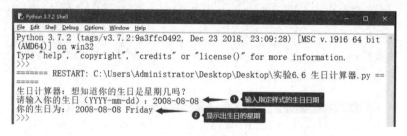

```
>>> import math
>>> math.exp(1)              #返回 e 的 x 次幂，显示结果为_____
>>> math.fmod(7,4)           #返回 x/y 的余数(浮点数)，显示结果为____
>>> math.sqrt(4)             #返回数字 x 的平方根(浮点数)，显示结果为____
>>> math.ceil(4.9)           #对 x 向上取整，显示结果为_____
>>> math.floor(4.9)          #对 x 向下取整，显示结果为_____
>>> a=math.radians(45)       #将角度转换为弧度
>>> b=math.radians(30)       #将角度转换为弧度
>>> math.sin(a)              #返回 a(弧度)的正弦值，显示结果为_____
>>> math.cos(b)              #返回 b(弧度)的余弦值，显示结果为_____
>>>
```

② 编写程序。如图 6.7 所示，大楼上悬挂着一个条幅 AB，小明在 F 点测得条幅顶部 A 的仰角为 35°，在地面 D 点测得条幅底部 B 的仰角为 49°。已知，FE=10 米，EC=30 米，ED=20 米。求条幅的长度(保留 2 位小数)。运行无误后将文件保存为"实验 6.7.py"。

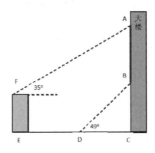

图 6.7 计算条幅长度

新建文件，完成"计算条幅长度"程序。本程序不需要用户输入，运行后直接显示结果。输出格式如图 6.8 所示。

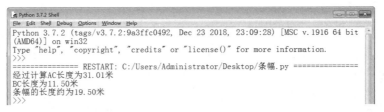

图 6.8 程序运行结果

math 中常用的三角函数如表 6.1 所示。

实验 6-6 标准库函数-math 三角函数.mp4

表 6.1 math 中常用的三角函数

函 数 名	功 能	实 例
math.radians(a)	将角度 a 转换为弧度	>>> math.radians(30) 0.5235987755982988
math.sin(x)	返回 x(弧度)的正弦值	>>> math.sin(math.radians(30)) 0.49999999999999994
math.cos(x)	返回 x(弧度)的余弦值	>>> math.cos(math.radians(45)) 0.7071067811865476
math.tan(x)	返回 x(弧度)的正切值	>>> math.tan(math.radians(60)) 1.7320508075688767
math.atan(x)	返回 x 的反正切值	>>> math.atan(1.7320508075688767) 1.0471975511965976

实验七 程序的分支与选择

实验目标

- 理解程序的分支结构。
- 掌握几种分支结构的语句实现。

实验 7 程序的分支与选择.mp4

相关知识

程序结构 单分支 双分支 多分支

实验要求

在了解结构化程序设计思想的基础上，通过对 if 语句的学习，掌握 Python 中几种分支结构的实现方法。编程完成几个程序设计的任务。

高级语言的程序有三种基本结构：顺序结构、分支结构(选择结构)和循环结构。顺序结构是指程序按照语句的书写顺序从第一条语句开始执行，直到最后一条语句时结束，每个语句都会被执行且仅被执行一次。分支结构是指程序根据某一条件选择执行满足条件的一个分支，不满足条件的语句会被跳过而不被执行。

操作步骤

(1) 三角形面积计算器。"实验 5.1.py"的功能是已知边长为 3、4、5，求三角形的面积。请修改该程序，使之完成求任意三角形面积的功能。

程序要求：输入任意的三角形三边边长，当三边能够组成三角形时，计算并显示其面积。三边不能组成三角形时，提示"输入错误，程序结束!"。运行结果如图 7.1 所示。

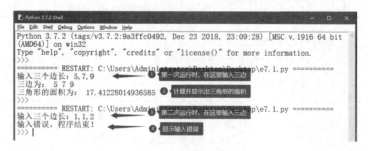

图 7.1 运行结果

海伦公式描述：公式中 a、b、c 分别为三角形三边的边长，p 为半周长，s 为三角形的面积。

$$s = \sqrt{p(p-a)(p-b)(p-c)}$$

 小贴士

三角形的性质：任意两边之和大于第三边。三角形的性质可以作为判断三边是否可以构成三角形的条件。

 说明

海伦公式是由古希腊数学家阿基米德得出的，称此公式为海伦公式，是因为这个公式最早出现在海伦的著作《测地术》中，并在海伦的著作《测量仪器》和《度量数》中给出证明。中国宋代的数学家秦九韶在 1247 年独立提出了"三斜求积术"，虽然它与海伦公式形式上有所不同，但其完全与海伦公式等价，填补了中国数学史中的一个空白，从中可以看出中国古代已经具有很高的数学水平。

① 打开程序文件"实验 5.1.py"。
② 修改并完善代码。

```
#e7.1 使用海伦公式求三角形面积
a,b,c=eval(input("输入三个边长: "))
if (a+b)>c and (a+c)>b and (b+c)>a:
    p=(a+b+c)/2
    s=pow(p*(p-a)*(p-b)*(p-c),0.5)
    print('三边为: ',a,b,c)
    print('三角形的面积为: ',s)
else:
    print('输入错误，程序结束！')
```

③ 保存运行，将程序另存为"实验 7.1.py"。

(2) 完整的个税计算器。修改"实验 4.1.py"，完成一个能够计算七级税率的完整的"个税计算器"。运行结果如图 7.2 所示。

图 7.2 程序运行结果

① 打开程序文件"实验 4.1.py"。程序代码如下：

```
#e4.1.2 两个分支的个税计算器
个税起征点 = 5000
应发工资 = eval(input("输入应发工资: "))
五险一金 = eval(input("输入五险一金: "))
应纳税所得额 = 应发工资 - 五险一金 - 个税起征点
```

```
if 应纳税所得额<=3000:      #税率表中级数 1 的分支
    税率=0.03
    速算扣除数=0
elif 应纳税所得额>3000 and 应纳税所得额<=12000: #税率表中级数 2 的分支
    税率=0.1
    速算扣除数=210
应缴个税 = 应纳税所得额 *税率 - 速算扣除数
税后工资=应发工资-五险一金-应缴个税
print("您应缴个人所得税为: %f\n 您的税后工资为: %f\n"%(应缴个税,税后工资) )
```

② 修改并完善代码，使之能够完成计算 7 个级数的个税计算(见表 7.1)。

表 7.1   2019 年个人所得税税率表

级 数	全月应纳税所得额	税率/%	扣除数/元
1	不超过 3000 元的	3	0
2	超过 3000 元至 12000 元的部分	10	210
3	超过 12000 元至 25000 元的部分	20	1410
4	超过 25000 元至 35000 元的部分	25	2660
5	超过 35000 元至 55000 元的部分	30	4410
6	超过 55000 元至 80000 元的部分	35	7160
7	超过 80000 元的部分	45	15160

③ 保存并运行。将程序另存为"实验 7.2.py"，并使程序运行正确无误。

小贴士

完整的"个税计算器"需要完成税率表中 7 个级数的计算，程序代码需要 7 个分支来完成。if…elif…else 语句可以实现多分支的程序结构。

思考

在程序运行结果中，"应发工资"和"应缴个税"分别是什么数据类型？程序中的哪些数据是字符串类型？哪些是布尔类型？多分支结构中 elif 的顺序是否可以任意改变？

(3) 水费计算器。编写程序，根据用水量(w 吨)计算水费(x 元)。设某单位的水费分段收取，具体计算的标准为

$$\begin{cases} w \leqslant 10吨 & 0.32元/吨 \\ 10 < w \leqslant 20吨 & 0.64元/吨 \\ w > 20吨 & 0.96元/吨 \end{cases}$$

程序要求：输入用水量，程序根据水费标准计算并显示应交水费(元)。

① 新建程序文件。

② 编写代码，实现水费计算器。程序运行结果如图 7.3 所示。

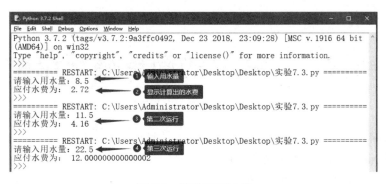

图 7.3 程序运行结果

③ 保存并运行。将程序保存为"实验 7.3.py"，并使程序运行正确无误。

如何修改程序，能够使程序运行结果保留两位小数？

实验八 程序的简单循环结构

实验目标

- 掌握 range 函数产生的数字范围。
- 熟悉 for 语句的单循环结构。
- 熟悉 while 语句的单循环结构。

相关知识 ⌄

for 循环结构的基本用法 while 循环结构的基本用法

实验要求

掌握 for 循环和 while 循环的基本用法，掌握 range()函数产生的数字范围，了解两种循环结构的特点和使用场合。

操作步骤

(1) 用两种方法求 1~100 中所有奇数的和以及所有偶数的和。

① 打开 IDLE，选择 File→New File 命令，建立一个程序"e8.1_1.py"。

② 在新程序窗口中建立以下程序。

实验 8.1 求 100 以内的奇数和以及偶数和.mp4

```
#e8.1_1
sum1,sum2=0,0
for i in range(1,101,2):
    sum1=sum1+i
for i in range(2,101,2):
    sum2+=i
print("奇数和为%d" % (sum1))
print("偶数和为%d" % (sum2))
```

③ 保存程序并按 F5 键运行。

小贴士

为了方便观察，本实验用了两个 for...in 循环分别对奇数和以及偶数和进行求解，只是 range()函数构造的数字范围不同。使用一个循环结合上节内容的 if 分支结构也可以求解本问题。

④ 新建程序文件"e8.1_2.py"，建立以下程序。

```
#e8.1_2
sum1,sum2=0,0
for i in range(1,101):
    if i %2==0:
        sum1=sum1+i
    else:
        sum2+=i
print("奇数和为%d" % (sum1))
print("偶数和为%d" % (sum2))
```

⑤ 保存程序并按 F5 键运行。

小贴士

第二个例子中利用 for 循环构造一个范围，利用 if 分支挑选符合某种条件的数字。这种方式更加具有通用性。比如使用这个结构可以求解类似"列出 100 到 300 之间能够同时被 3 和 5 整除的数字""输入两个数字，列出这两个数字之间的数字和"这样的数列问题。

(2) 输入一个正整数，判断该数字是否为素数。

① 打开 IDLE，选择 File→New File 命令，建立一个程序 "e8.2.py"。

② 在新程序窗口中建立以下程序。

实验 8.2　输入一个数字，判断其是否是素数.mp4

```
#e8.2 输入一个数字，判断其是否为素数
n=eval(input("请输入一个大于 1 的整数："))
is_prime=True
for i in range(2,n//2+1):
        if n % i==0:is_prime=False
if is_prime==True:
    print("您输入的数字是%d, 它是一个素数"%(n))
else:
    print("您输入的数字是%d, 它不是一个素数"%(n))
```

③ 保存程序并按 F5 键运行。

小贴士

输入一个数字 n 后，程序先设定一个初始值为逻辑值 True 的变量 is_prime，意思是假设用户输入的数字是素数，在循环中构造一个范围[2，输入值的一半]，如果 n 能够整除任何的循环变量 i，说明 n 不是素数，把 is_prime 改写为 False。循环结束后，检验 is_prime 的值是初始的 True，还是被改写的 False，即可以知道输入的数字 n 是否为素数。

(3) 绘制由 9 行"@"符号组成的菱形。

① 打开 IDLE，选择 File→New File 命令，建立一个程序 "e8.3.py"。

实验 8.3　绘制由 9 行"@"符号组成的菱形.mp4

② 在新程序窗口中输入以下程序，绘制如图 8.1 所示的图案。

```
#e8.3
for i in range(1,6):
    print(" "*(5-i)+"@"*(2*i-1))
for j in range(1,5):
    print(" "*j+"@"*(9-2*j))
```

```
        @
       @@@
      @@@@@
     @@@@@@@
    @@@@@@@@@
     @@@@@@@
      @@@@@
       @@@
        @
```

图 8.1　菱形符号

③ 保存程序并按 F5 键运行。

 小贴士

　　菱形为 9 行，每行由空格和不同数量的 "@" 符号组成。如果分为上三角和下三角两个三角形来输出，可以按照表 8.1 找到规律：在上三角形中共 5 行，i 代表行号，每行空格数加行号等于 5，"@" 符号数等于 2*i-1；在下三角形中共 4 行，j 代表行号，每行空格数和行号相等，"@" 符号数加行号等于 9-2*j。

表 8.1　菱形的两个三角形中各行数量关系

上 三 角			下 三 角		
行　号	空 格 数	@符号数	行　号	空 格 数	@符号数
1	4	1	1	1	7
2	3	3	2	2	5
3	2	5	3	3	3
4	1	7	4	4	1
5	0	9			

④ 编写程序，输出一个由 15 行的 "*" 组成的菱形，文件保存为 "实验 8.1.py"。

⑤ 编写程序，只用一个循环 for i in range(1,10) 来输出这个 9 行的菱形，即行号与空格数和 "@" 符号数的关系如表 8.2 所示，文件保存为 "实验 8.2.py"。

表 8.2　菱形整体行号与各行数量关系

行　号	空 格 数	@符号数
1	4	1
2	3	3

续表

行　号	空 格 数	@符号数
3	2	5
4	1	7
5	0	9
6	1	7
7	2	5
8	3	3
9	4	1

(4) 用 while 循环改写的求 100 以内奇数和以及偶数和的程序。

① 打开 IDLE，选择 File→New File 命令，建立一个程序"e8.4.py"。

② 在新程序窗口中建立以下程序。

实验 8.4　用 while 循环改写实验 8.1.mp4

```
#e8.4
sum1=sum2=0
i=1                        #设置循环变量初始值
while i<=100:              #设置循环条件
    if i % 2 ==1:
        sum1+=i
    else:
        sum2+=i
    i+=1                   #设置循环变量的步长
print("奇数和为%d" % (sum1))
print("偶数和为%d" % (sum2))
```

③ 保存程序并按 F5 键运行。

小贴士

使用 while 循环要注意循环变量的初始值、终止值和循环中的步长设置，如果设置错误有可能产生一直循环下去的情况，称为死循环。例如，上例中如果少写了"i+=1"这行代码，i 值就不会随着循环增加，则循环条件判断语句"i<=100"永远为 True，会导致循环无法结束，此时可以用快捷键 Ctrl+C 来强行终止程序运行。

(5) 假设一张可以多次对折的纸厚度为 0.2 毫米，珠穆朗玛峰(简称"珠峰")的高度为 8844 米。问纸张对折多少次其厚度可以超过珠峰的高度？

① 打开 IDLE，选择 File→New File"命令，建立一个程序"e8.5.py"。

② 在新程序窗口中建立以下程序。

实验 8.5　纸张和珠穆朗玛峰.mp4

```
#e8.5
paper=0.0002
```

```
mount=8844
n=0
while paper<=mount:
    paper*=2
    n=n+1
    print("折叠%d 次，纸张厚度为%f 米" %(n,paper))
print("折叠第%d 次后，纸张厚度超过珠峰的高度"%(n))
```

③ 保存程序并按 F5 键运行。

 小贴士

while 循环的使用更加灵活，能够处理多方面的问题，所有的 for 循环结构都可以用 while 循环来进行改写，反之则不行。while 循环也经常应用于知道问题的初始条件和终止条件，求循环次数的问题。

④ 编写程序：已知 2018 年年末中国人口约为 142700 万(含港澳台)，比上年人口增长 0.381%；印度人口约为 135400 万，比上年人口增长 1.04%(数据来自互联网)。如果按此数据进行推算，印度将在哪一年人口超过中国？程序文件保存为"实验 8.3.py"。

实验九　循环结构的嵌套和循环中的关键字

实验目标

- 熟悉 for 和 while 循环的双重循环结构。
- 掌握 break 关键字和 continue 关键字的用法。

相关知识

双重循环结构的基本用法　循环中的 break 关键字和 continue 关键字　双重循环输出图形时循环变量分别代表的含义

实验要求

掌握 for 循环和 while 循环的嵌套使用，以及循环中 break 和 continue 关键字的作用。

操作步骤

(1) 如果一个 n 位正整数等于其各数位上的数字的 n 次方之和，称该数字为阿姆斯特朗数。3 位的阿姆斯特朗数又称为水仙花数，例如 153=1**3+5**3+3**3。求所有的水仙花数。

实验 9.1　求 3 位的阿姆斯特朗数
(水仙花数)及分配箱子.mp4

① 打开 IDLE，选择 File→New File 命令，建立一个程序"e9.1.py"。

② 在新程序窗口中建立以下程序。

```
#e9.1 水仙花数
for i in range(1,10):          #i 代表百位数
    for j in range(0,10):      #j 代表十位数
        for k in range(0,10):  #k 代表个位数
            num=i*100+j*10+k*1
            if num==i**3+j**3+k**3:
                print("%d 是水仙花数"%(num))
else:
    print("计算完毕")
```

③ 保存程序并按 F5 键运行。

小贴士

循环的嵌套非常适合用于穷举法解决问题。任何三位数都可以拆解为 3 个整数，百位上的数字 i 在 1 到 9 之间，十位和个位上的数字 j、k 在 0 到 9 之间，通过循环组合这 3 个数字，就可以组成所有的三位数。再判断 i、j、k 的立方和是否与组成的数字相等，就可以知道这个数字是否为水仙花数了。

④ 程序填空。现有 100 件货物，利用三种规格的包装箱，大箱可以装 8 件货物，中箱可以装 4 件货物，小箱可以装 2 件货物。问：可以有多少种装配方案？请在以下代码"?"处填写合适的内容，使程序正确。填写好后，建立程序，保存为"实验 9.1.py"。

```
#实验 9.1
n=0
i=j=k=0        #i 表示大箱，j 表示中箱，k 表示小箱
for i in range(13):
    for j in range(___?___):
        for k in range(51):
            if (___?___):
                n+=1
                print("大箱%d 个，中箱%d 个，小箱%d 个"%(i,j,k))
else:
    print("计算完毕，共有%d 种装箱方案"%(___?___))
```

(2) 利用循环嵌套输出一个九九乘法表，如图 9.1 所示。

```
1*1=1
1*2=2   2*2=4
1*3=3   2*3=6   3*3=9
1*4=4   2*4=8   3*4=12  4*4=16
1*5=5   2*5=10  3*5=15  4*5=20  5*5=25
1*6=6   2*6=12  3*6=18  4*6=24  5*6=30  6*6=36
1*7=7   2*7=14  3*7=21  4*7=28  5*7=35  6*7=42  7*7=49
1*8=8   2*8=16  3*8=24  4*8=32  5*8=40  6*8=48  7*8=56  8*8=64
1*9=9   2*9=18  3*9=27  4*9=36  5*9=45  6*9=54  7*9=63  8*9=72  9*9=81
```

图 9.1　九九乘法表(一)

实验 9.2　利用循环嵌套输出九九乘法表.mp4

① 打开 IDLE，选择 File→New File 命令，建立一个程序"e9.2.1.py"。
② 在新程序窗口中建立以下程序。

```
#e9.2.1
for i in range(1,10):
    for j in range(1,10):
        if i>=j:
            print("%d*%d=%d" % (j,i,i*j),end="  ")
    print()
```

③ 保存程序并按 F5 键运行。

小贴士

当用双重循环输出图形的时候，可以认为外层循环是控制输出图形的行数，内层循环是输出某行中的内容。本例中外层循环变量 i 和内层循环变量 j 的范围都是 1~9。即共输出

9 行数据，每行 9 个乘法公式。但是在循环中，使用分支结构控制了只有被乘数 j 小于等于乘数 i 的时候才输出公式，这样就控制了每行输出的公式数量不一样。本例也可以采用程序 e9.2.2 的形式编写，用 range()函数控制被乘数 j 的循环范围。

```
#e9.2.2
for i in range(1,10):
    for j in range(1,i+1):
        print("%d*%d=%d  " % (j,i,i*j),end="  ")
    print()
```

④ 编写程序，输出如图 9.2 所示的九九乘法表，文件保存为"实验 9.2.py"。

```
1*1= 1 1*2= 2 1*3= 3 1*4= 4 1*5= 5 1*6= 6 1*7= 7 1*8= 8 1*9= 9
2*2= 4 2*3= 6 2*4= 8 2*5=10 2*6=12 2*7=14 2*8=16 2*9=18
3*3= 9 3*4=12 3*5=15 3*6=18 3*7=21 3*8=24 3*9=27
4*4=16 4*5=20 4*6=24 4*7=28 4*8=32 4*9=36
5*5=25 5*6=30 5*7=35 5*8=40 5*9=45
6*6=36 6*7=42 6*8=48 6*9=54
7*7=49 7*8=56 7*9=63
8*8=64 8*9=72
9*9=81
```

图 9.2 九九乘法表(二)

(3) 签到打卡机程序 2.0。参考下面的程序模板，完成一个如图 9.3 所示的可以连续输入学号的"签到打卡机"程序。请在以下代码"?"处填写合适内容，使程序正确。填写好后，建立程序，保存为"实验 9.3.py"并运行程序。

实验 9.3 签到打卡机程序 2.0 版.mp4

```
#实验 9.3 签到打卡机 2.0
import time as t
时间格式='%Y-%m-%d'
时间格式 1='%H:%M:%S'
while ____?____ :
    t1=t.localtime()
    xh=input("请输入学号,输入 0 退出:")
    if xh=="0":____?____
    print("*"*20)
    print('当前日期: '+t.strftime(时间格式,t1))
    print(xh,"号",t.____?____(时间格式 1,t1),"打卡")
    print("*"*20)
```

图 9.3 签到打卡机程序 2.0 的运行结果

(4) 从键盘输入一个字母和数字混合字符串，然后按顺序输出其中所有的字母，去除数字。

① 打开 IDLE，选择 File→New File 命令，建立一个程序"e9.3.py"。

② 在新程序窗口中输入以下程序。

实验 9.4　输入字母数字混合字符串，去掉字符串中的数字.mp4

```
#e9.3
str=input("请输入一个字母数字混合的字符串：")
for i in str:
    if "0"<=i<="9":
        continue
    print("当前符号是：%s" %(i))
else:
    print("输出完毕")
```

小贴士

continue 用于在循环中剔除一些情况。当执行到 continue 语句时，循环结束本次运行，即不再继续执行循环中 continue 之后的内容，回到 for 语句，继续执行下一次循环。

实验十　组合数据类型：列表和元组

实验目标

- 了解什么是组合数据类型。
- 掌握列表数据类型。
- 掌握元组数据类型。

相关知识

列表数据类型(list)　元组数据类型(tuple)

实验要求

在 IDLE 中命令行方式下，通过语句掌握列表数据类型和元组数据类型的创建、访问等操作，熟练掌握这两种数据类型的使用，并编程完成几个具有特定功能的程序设计任务。

列表是一种可变的数据序列类型，数据元素放在一对方括号之间，用逗号分隔开。一个列表中的元素可以是基本数据类型，也可以是组合类型。元组是一种不可变数据系列类型，一旦创建就不可以进行增、删、改等操作。元组用一对小括号作为定界符。元组内用逗号分开不同的数据元素。在不进行修改的情况下，元组大多可以当作列表来使用。

操作步骤

(1) 列表的基本操作。

测试相关函数的功能。在 IDLE 命令行，输入下面的语句，并在横线上填写结果。

```
>>> list1=list(range(5))
>>> print(list1)                          #结果为_____
>>> print(range(9,1,-1)[-1])              #结果为_____
>>> list2=[[1,2,3],"沈阳",[[4,5,"67"],8],[9,0]]
>>> print( list2[2][1])                   #结果为_____
>>> list3=["北京","天津","上海"]
>>> list3.append("重庆")
>>> list3.append(["广州","深圳"])
>>> print(list3)                          #结果为_____
>>> list4=[]
>>> for k in "沈阳":
        for j in "大连":
            list4.append(k+j)
>>> print(list4)                          #结果为_____
```

```
>>> list5=[3, 4, 5, 6, 7, 9, 11, 13, 15, 17]
>>> print(list5[3:7])                      #结果为_____
>>> list6= [1,3, 5, 7,9]
>>> list6[:3]=[2,4]
>>> print(list6)                           #结果为_____
>>> list7=[4, 2, 3, 2, 3]
>>> list7.remove(2)
>>> print(list7)                           #结果为_____
>>> list8=["a","b","c","d"]
>>> list8.insert(2,4)
>>> print(list8)                           #结果为_____
>>> list9=[1,2,3,4,5,6]
>>> list9.remove(list9.index(4))
>>> print(list9)                           #结果为_____
>>> [x for x in range(10) if x % 3==0]     #结果为_____
```

(2) 签到打卡机程序 3.0。参考下面的程序模板，完成如图 10.1
所示的输入序号显示姓名的"签到打卡机"程序，并在设定时间
(程序中设置为 10 点)之前打卡显示"准时"，在设定时间之后打
卡显示"迟到"。

① 打开 IDLE，选择 File→New File 命令，建立一个程序
"e10.1.py"。

② 在新程序窗口中输入以下程序。

实验 10.2　签到打卡机
程序 3.0.mp4

```
#e10.1 签到打卡机 3.0 版
import time as t
时间格式='%Y-%m-%d'
时间格式1='%H:%M:%S'
姓名=["马小云","王小林","李小宏","马晓腾","雷小军","张小鸣","刘小东"]
while True:
    t1=t.localtime()
    序号=int(input("请输入学号序号(1-7)打卡，输入 0 退出："))
    if 序号==0:break
    时间=t.strftime(时间格式1,t1)
    信息=姓名[序号-1]+" "+时间 #序号从 1 开始
    小时=int(t.strftime("%H",t1))
    if 小时<10:        #假设 10 点之后算迟到
        状态="准时"
    else:
        状态="迟到"
    print("*"*25)
    print('当前日期：    '+t.strftime(时间格式,t1))
    print (信息,"打卡",状态)
    print("*"*25)
```

小贴士

列表是有序数据类型。列表数据元素是从 0 号开始排列的，但是题目中输入 0 代表的
是退出，输入 1 才表示列表中的第一个数据元素，所以采用姓名[序号-1]的表达形式获

取正确的姓名。时间函数 strftime 的格式符号%H，可以取 24 小时制时间的"小时"字符串。

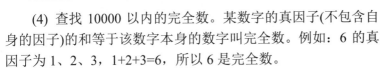

图 10.1　签到打卡机程序 3.0 的运行结果

（3）输入若干个 0~100 的成绩求平均值，当输入-1 时退出。

请将程序代码补全并将程序保存为"实验 10.1.py"。

实验 10.3　输入若干个 0~100
的成绩求平均值.mp4

```python
scorelist=[]
while True:
    score=eval(input("输入一个成绩，输入-1 退出"))
    if score==-1:
        _____?_____
    elif 0<=score<=100:
        scorelist._____?_____(score)
    else:
        print("输入超出范围")
print("输入数据为",scorelist)
print("平均值为%.2f"%(_____?_____))
```

（4）查找 10000 以内的完全数。某数字的真因子(不包含自身的因子)的和等于该数字本身的数字叫完全数。例如：6 的真因子为 1、2、3，1+2+3=6，所以 6 是完全数。

实验 10.4　查找 10000 以内
的完全数.mp4

① 打开 IDLE，选择 File→New File 命令，建立一个程序"e10.2_1.py"。

② 在新程序窗口中输入以下程序。

```python
#e10.2_1 求完全数，带有计时功能
import time
start=time.time()      #记录程序运行开始时间点
factor=[]              #定义一个列表，将某数的因子加到列表中
for i in range(2,10000):
    for j in range(1,i//2+1):
        if i % j==0:
            factor.append(j)
    if i==sum(factor):
        print(i,"是完全数，真因子为",factor)
```

```
factor=[]        #清除列表，等待下一次查找
else:
    end=time.time()  #记录程序结束时间点
    print("计算完成，共用时%.1f 秒"%(end-start))
```

③ 保存程序并按 F5 键运行。

 小贴士

　　设置循环变量 i 的取值为 2~10000 中的数字，i 的真因子一定在 1~i//2 之间；找到 i 的一个真因子后，将其加入列表 factor；如果 i 正好等于它的真因子列表 factor 的和，则说明 i 是一个完全数。清空 factor 列表，判断下一个数字 i 是不是完全数。导入 time 库，在程序开始和最后分别记录时间戳，利用两个时间戳的差可以计算程序运行的时间。如果扩大查找范围，比如查找 10 万以内的完全数，本程序运行起来会非常耗时。本程序找到的 1 万以内的最后一个完全数是 8128，而下一个完全数则是 33550336。

④ 建立新程序 e10.2_2.py，改写②，用列表推导式简化程序并运行。

```
#e10.2_2 求完全数
for i in range(2,10000):
    factor=[x for x in range(1,i) if i % x==0]
    if i==sum(factor):
        print(i,"是完全数，真因子为",factor)
```

(5) 元组的基本操作。
测试相关函数的功能。在 IDLE 命令行，输入下面的语句，并在横线上填写结果。

```
>>> t1=tuple("辽宁省沈阳市")
>>> print(t1[2])                    #结果为_____
>>> t2=(0,1,4)
>>> t3=(4,2,3,1)
>>> t2 in t3                        #结果为_____
>>> t4=([1,2],[3,4],[5,6])
>>> t4[1][1]=7
>>> t4                              #结果为_____
>>> t5=(10,2,"a","沈阳",(1,[2,3]))
>>> len(t5)                         #结果为_____
>>> t7=tuple("78910")
>>> max(t7)                         #结果为_____
>>> t8=tuple("北京")
>>> print(t8*3)                     #结果为_____
```

(6) 输入身份证号，验证真伪。

 小贴士

　　身份证号码验证真伪的步骤为：第一步，分别将身份证上的前 17 位数字与(7,9,10,5,8,4,2,1,6,3,7,9,10,5,8,4,2)中对应数字相乘，求出总和 S。第二步，计算校验码 r=S%11。第三步，使用校验码 r 可在校验码对照表(见表 10.1)中查得正确的身份证第 18

实验 10.6　判断身份证号码的真伪.mp4

位数字。如与实际身份证数字一致，则此身份证号码为正确的。例如计算出 r 的结果为 4，则身份证最后一位应该为 8。

表 10.1 校验码对照表

校验码 r	0	1	2	3	4	5	6	7	8	9	10
身份证第 18 位	1	0	X	9	8	7	6	5	4	3	2

① 打开 IDLE，选择 File→New File 命令，建立一个程序"e10.3.py"。

② 在新程序窗口中输入以下程序。

```
#e10.3
card=input("输入 18 位身份证号")
digit=tuple(card)
weight=(7,9,10,5,8,4,2,1,6,3,7,9,10,5,8,4,2)      #weight 代表身份证前 17 位权重
sum=0
for i in range(17):
    aw=int(digit[i])*weight[i]                      #aw 代表加权数字
    sum+=aw
r=sum %11
check=('1','0','X', '9', '8', '7', '6', '5', '4' ,'3', '2')
if digit[17]==check[r]:
    print("%s 校验通过"%(card))
else:
    print("%s 校验不通过"%(card))
```

③ 保存程序并按 F5 键运行。

小贴士

输入的内容为 18 位的字符串，将其转化为元组 digit 后，元组元素分别是 18 个数字型的字符，所以按位与权重数字相乘的时候，要采用 int(digit[i])*weight[i] 表达。

④ 修改程序，加入以下功能：运行程序后可多次对身份证号码进行校验，如果输入的身份证号码是 18 位，进行校验；如果不是 18 位，则告知用户输入错误，请重新输入；如果用户输入-1，则计算结束。请将代码补充完整并保存为"实验10.2.py"。

```
while _____?_____ :
    card=input("输入 18 位身份证号码,-1 退出")
    if card==_____?_____ :
        break
    elif _____?_____ (card)==18:
        digit=tuple(card)
        weight=(7,9,10,5,8,4,2,1,6,3,7,9,10,5,8,4,2)
        sum=0
        for i in range(17):
            aw=int(digit[i])*weight[i]
            sum+=aw
        r=sum %11
        check=('1','0','X', '9', '8', '7', '6', '5', '4' ,'3', '2')
```

```
        if digit[17]==check[r]:
            print("%s 校验通过"%(card))
        else:
            print("%s 校验不通过"%(card))
    else:
        print("输入不是 18 位，请重新输入")
```

实验十一 组合数据类型：字典和集合

实验目标

- 掌握字典数据类型。
- 掌握集合数据类型。

相关知识 ⌄

字典数据类型(dict) 集合数据类型(set)

实验要求

编程完成利用字典进行用户管理的程序设计任务。

字典是一种由键值对组成的数据类型，数据元素放在一对花括号之间，相互之间用逗号分隔开。在一个字典结构中，一个键只能对应一个值，但是多个键可以对应相同的值。集合是无序的可变序列，集合元素放在一对大括号间(和字典一样)，元素之间用逗号分隔。在一个集合中，元素不允许重复。集合的元素类型只能是固定的数据类型，如整型、字符串、元组等，而列表、字典等是可变数据类型，不能作为集合中的数据元素。

操作步骤

(1) 字典的基本操作。

测试相关函数的功能。在 IDLE 命令行，输入下面的语句，并在横线上填写结果。

```
>>> d1=dict([[1,"四川"],[2,"重庆"],[3,"贵州"],[4,"湖南"],[5,"湖北"]])
>>> d1[1]                              #结果为_____
>>> d2=dict(zip(["河南","河北","安徽"],["郑州","石家庄","合肥"]))
>>> d2["安徽"]                         #结果为_____
>>> list(d1.keys())                    #结果为_____
>>> list(d2.values())                  #结果为_____
>>> d3={"面包":5,"可乐":3,"饼干":2,"方便面":4}
>>> d3["面包"]*2+d3["方便面"]          #结果为_____
>>> d3.get("可乐","没有这个食物")      #结果为_____
>>> d3.get("养乐多","没有这个食物")    #结果为_____
>>> d3.pop("方便面")                   #结果为_____
>>> print(d3)                          #结果为_____
>>> d3.pop("火锅","没有这个食物")      #结果为_____
```

(2) 建立一个"用户名:密码"字典作为用户库，建立一个可以添加用户的程序。要求输入新用户时程序检查字典中有没有重名的，如果有，提醒用户重新输入；如果没有，则添加到字典中。

① 打开 IDLE，选择 File→New File 命令，建立一个程序"e11.1.py"。

② 在新程序窗口中输入以下程序。

实验 11.2　建立一个可以添加用户的程序.mp4

```
#e11.1   add_user()
users={"小明":"111","小红":"666","小刚":"888"}
while True:
    user=input("请输入用户名:")
    if user in users:
        print("该用户已经存在，请重新输入:")
        continue
    else:
        print("用户名不存在，可以添加")
        password=input("请输入密码:")
        users[user]=password
        yn=input("添加成功，是否继续添加(Y继续添加/其他退出):")
        if yn=="Y" or yn=="y":
            continue
        else:
            break
print("*"*50)
print("当前所有用户为: ",list(users))
print("*"*50)
```

③ 保存程序并按 F5 键运行。

小贴士

users 是一个字典，用于保存用户名和密码。程序运行后，首先输入用户名，然后判断输入的用户名在不在 users 字典的键中，如果存在，重新输入；如果不存在，则输入新用户的密码，加入字典。

(3) 建立一个"用户名:密码"字典作为用户库，建立一个可以删除用户的程序。要求输入需删除的用户时程序检查字典中有没有该用户，如果没有，提醒用户无此用户；如果有，则经过确认一次后删除该用户。

实验 11.3　建立一个可以删除用户的程序.mp4

请将程序代码补全并将程序保存为"实验 11.1.py"。

```
#实验 11.1 delet_user()
users={"小明":"111","小红":"666","小刚":"888"}
while True:
    user=input("请输入需要删除的用户名: ")
    if user _____?_____ :
        yn=input("用户存在，确定删除输入 Y/按其他键退出:")
        if yn in "Yy":
            del _____?_____
            print("已经删除")
```

```
        else:
            print("本次操作没有删除任何用户")
            break
    else:
        yn=input("用户名不存在，重新输入用户名输入Y/按其他键退出: ")
        if yn _____?_____ "Yy":
            continue
        else:
            break
print("*"*50)
print("当前所有用户为: ",list(users))
print("*"*50)
```

(4) 编写一个"用户管理程序"。为上面操作(2)和操作(3)添加一个菜单，当用户选择不同菜单时，对用户字典进行不同操作，参考图 11.1。

================== RESTART: C:\Users\lenovo\Desktop\用户登录.py ========

尊敬的管理员，请选择操作：
1 添加用户
2 删除用户
3 退出程序
请输入您的选择（1~3）

图 11.1 "用户管理程序"菜单

① 新建程序文件。

② 编写代码，先显示一个菜单，然后根据用户的选择添加用户或删除用户，也可以增加一些功能，比如"修改密码"等。

③ 保存并运行程序，将程序保存为"实验 11.2.py"。

(5) 集合的基本操作。

测试相关函数的功能。在 IDLE 命令行，输入下面的语句，并在横线上填写结果。

```
>>> s1={1,2,1,2,3,4,5}
>>> s1                          #结果为_____
>>> s2={3,4,5,6,7}
>>> s1|s2                       #结果为_____
>>> s1 & s2                     #结果为_____
>>> s1-s2                       #结果为_____
>>> s1^s2                       #结果为_____
>>> s1.add(8)
>>> s1                          #结果为_____
>>> s2.remove(3)
>>> s2                          #结果为_____
>>> s2.discard(9)
>>> s2                          #结果为_____
```

实验十二　字符串的格式化

实验 12　字符串的格式化.mp4

实验目标

- 熟悉转义字符与原始字符。
- 掌握格式说明符%的使用方法。
- 熟练掌握 format()方法的基本语法和使用。

相关知识

转义字符　原始字符　格式说明符　format()方法　二维列表

实验要求

在 IDLE 环境中，测试字符串格式化的语句，完成程序代码的输入、保存、调试与运行。理解字符串格式化的几种方法，并熟练使用格式说明符%和 format()方法，完成下面的程序设计任务。

Python 中的字符串是一种非常重要的数据类型，它支持丰富的操作和运算。Python 的字符串可以看作是一串连续存储的字符的序列，它可以通过索引进行顺序的访问。转义字符是指以 "\" 开头的特殊字符，用来表示字符集中某些不可打印的字符(如回车换行等)，或者用来将某些系统标识符还原为普通字符。字符串的格式化是指在 print 输出时控制输出的字符样式。主要有两种格式化的方法：一是使用格式说明符%，二是使用 format()方法。

操作步骤

(1) 转义字符。在命令行依次输入下面的语句，将结果填写在横线处。

```
>>> str1="沈阳\n 师范\n 大学"
>>> str2="沈阳\
师范\
大学"
>>> print(str1)              #显示结果为_____
>>> print(str2)              #显示结果为_____
>>> str3="I'm coding"        #使用双引号作为定界符时，字符串中可出现单引号
>>> str4='I\'m coding'       #使用转义字符\'表示单引号
>>> print(str3)              #显示结果为_____
>>> print(str4)              #显示结果为_____
>>>
```

(2) 原始字符。在命令行依次输入下面的语句，将结果填写在横线处。

```
>>> str5="c:\windows\system32\notepad.exe"
>>> str6="c:\windows\system32\\notepad.exe"
>>> str7=r"c:\windows\system32\notepad.exe"
>>> print(str5)          #显示结果为_____
>>> print(str6)          #显示结果为_____
>>> print(str7)          #显示结果为_____
>>>
```

说明

Str6 中的 "\\" 是转义字符，str7 中的字母 "r" 表示字符串为原始字符串。

(3) 字符串格式化。在命令行依次输入下面的语句，将结果填写在横线处。

```
>>> s='Python'
>>> "{:20}".format(s)                          #显示结果为_____
>>> "{:*>20}".format(s)                         #显示结果为_____
>>> "{:*^20}".format(s)                         #显示结果为_____
>>> "{0:*^10}I love {0:*<10}".format(s)         #显示结果为_____
>>> "{0:\xa9^10}I love {0:\xa9<10}".format(s)   #显示结果为_____
>>> "{0:-^20}".format(1234567890)               #显示结果为_____
>>> "{0:-^20,}".format(1234567890)              #显示结果为_____
>>> "{0:e},{0:E},{0:f},{0:%}".format(3.1415926) #显示结果为_____
>>>
```

说明

"\x" 是转义字符，作用是将后面的两位十六进制数转换为字符。"\xa9" 被转义为字符 "©"，在语句中用来填充空白处。

(4) 二维列表的输出。下面的程序用来输出一个存放学生信息的二维列表 stlist，程序运行结果如图 12.1 所示。

① 新建文件。

② 编写如下代码，运行无误后，将文件保存为 "实验 12.1.py"。

```
#e12.1 格式化输出二维列表
list1=['20170001','赵明','男',19,'物理科学与技术学院']
list2=['20170002','钱小红','女',20,'化学化工学院']
list3=['20170003','孙强','男',20,'信息技术学院']
list4=['20170004','李敏丽','女',19,'外国语学院']
stlist=[list1,list2,list3,list4]
for i in range(len(stlist)):
    for j in range(len(stlist[i])):
        print('{}\t'.format(stlist[i][j]),end='')
    print()
```

小贴士

二维列表可以看作由行和列组成的二维结构(二维表格)，其中元素通过双下标访问，如 stlist[i][j]，其中 i 代表 "行"，j 代表 "列"。

图 12.1　程序的运行结果(二维列表的输出)

说 明

　　要想遍历二维列表的全部元素，需要通过双重循环来实现。由于各列数据宽度不一，需要使用转义字符"\t"(制表符)来实现各元素的对齐输出。

　　(5) 字典类型的使用。下面的程序使用字典类型，随机生成三种套餐组合，并计算每种套餐的金额。程序的运行结果如图 12.2 所示。
　　① 新建文件。
　　② 编写代码。将下面的代码补充完整，运行无误后，将文件保存为"实验 12.2.py"。

```python
import random as r
staple={'巨无霸':17,'双吉士':15.5,'麦辣鸡腿':15,'麦香鸡':9,'麦香鱼':8}
drinks={'可口可乐':9,'奶昔':12,'纯牛奶':9,'红茶':9.5,'热朱古力':10,'奶茶':
10.50}
side={'麦辣鸡翅':9,'中薯条':9,'大薯条':11,'麦乐鸡':9,'玉米杯':7.5}
list1=list(staple.keys())
list2=list(drinks.keys())
list3=list(side.keys())
print("下面是为您随机生成的三种套餐组合：\n")
for i in range(3):
    x1=r.choice(list1)
    x2=r.choice(___?___)              #在列表中随机选择一种饮料
    x3=r.choice(list3)
    y1=_____?_____                  #在字典中查找生成套餐中主食的价格
    y2=__?__[x2]                      #在字典中查找生成套餐中饮料的价格
    y3=side[x3]                       #在字典中查找生成套餐中配餐的价格
    str="{:*<6}{:*<6}{:*<6}\t 套餐金额为：{___?___}元"
    print(str.format(x1,x2,x3,y1+y2+y3))
```

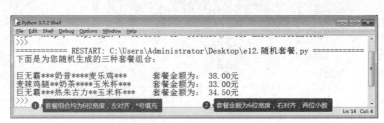

图 12.2　程序的运行结果(每次运算生成的随机套餐不同)

　　(6) 输出数据的格式化。根据下面的故事，编程计算"国王的债务"，程序的输出格式如图 12.3 所示。

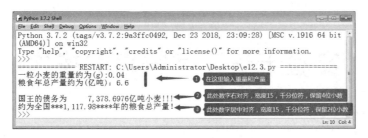

图 12.3　程序的运行结果

传说国际象棋是舍罕王的宰相西萨·班·达依尔发明的，国王对于这一奇妙的发明异常喜爱，决定让宰相自己选择要什么赏赐。西萨没有要金银财宝，他指着面前的棋盘奏道："陛下，就请您赏给我一些麦子吧。它们只要这样放在棋盘里就行了：第 1 个格中放 1 粒，第 2 个格中放 2 粒，第 3 个格中放 4 粒，以后每一个格中都比前一个格中的麦粒增加一倍。只要把这样摆满全部 64 格的麦粒都赏给我，您的仆人就心满意足了。"国王立即慷慨地应允了。但很快国王就发现，这是一个无法兑现的承诺。国王究竟欠下了多少债务呢？

① 新建文件。

② 编写代码。程序中要求使用 format()方法控制输出格式，且程序的输出结果与如图 12.3 所示的完全一致。

③ 保存并运行。将程序文件保存为"实验 12.3.py"。

小贴士

一粒小麦的重量为 0.025～0.04 克。2019 年我国粮食总产量约为 6.6 亿吨，小麦产量约为 1.33 亿吨。(以上数据均来自网络，不一定准确)舍罕王由于失算而欠了西萨一大笔债，计算他的债务的确是一件很有趣的事。

实验十三　字符串的操作

实验目标

- 熟悉字符访问与切片。
- 熟练掌握字符串的相关函数的使用。
- 熟练掌握字符串的常用方法的使用。

实验 13　字符串的基本操作.mp4

相关知识

字符串切片　字符串函数　字符串方法

实验要求

在 IDLE 环境中，测试字符切片、字符运算及函数与方法的语句，完成程序代码的输入、保存、调试与运行。理解字符串索引的概念，并熟练使用字符串的运算符、函数与方法，完成下面的程序设计任务。

操作步骤

(1) 字符串的切片。在命令行依次输入下面的语句，将结果填写在横线处。

```
>>> str1="I love what you love!"
>>> "Love" in str1                    #显示结果为_____
>>> print(str1[7::])                  #显示结果为_____
>>> print(str1[-1:-6:-1])             #显示结果为_____
>>> print(str1[-6:-1:])              #显示结果为_____
>>>
```

(2) 字符串的函数。在命令行依次输入下面的语句，将结果填写在横线处。

```
>>> len("Python 程序设计")           #显示结果为_____
>>> print(chr(65),chr(97))           #显示结果为_____
>>> print(ord('B'),ord('b'))         #显示结果为_____
>>> print('100'+str(200))            #显示结果为_____
>>>
```

(3) 字符串的方法。在命令行依次输入下面的语句，将结果填写在横线处。

```
>>> str2="Do not trouble trouble till trouble troubles you!"
>>> str3="Let's go!"
>>> str3.lower()                              #显示结果为_____
>>> str3.title()                              #显示结果为_____
```

```
>>> str2.replace('trouble','TROUBLE',2)        #显示结果为_____
>>> str2.find('trouble')                       #显示结果为_____
>>> str2.count('trouble')                      #显示结果为_____
>>> sl=str2.split()
>>> sl[1]                                       #显示结果为_____
>>>
```

(4) 逆序输出字符串。下面的程序通过字符串分片操作，逆序输出字符串。程序的运行结果如图 13.1 所示。

① 新建文件。

② 编写程序。将下面的代码补充完整，运行无误后，将文件保存为"实验 13.1.py"。

```
#e13.1 逆序输出字符串
st=input('输入一个字符串：')
print("原字符串：{0}\n逆序字符：{1}".format(__?__,st[__?__]))
```

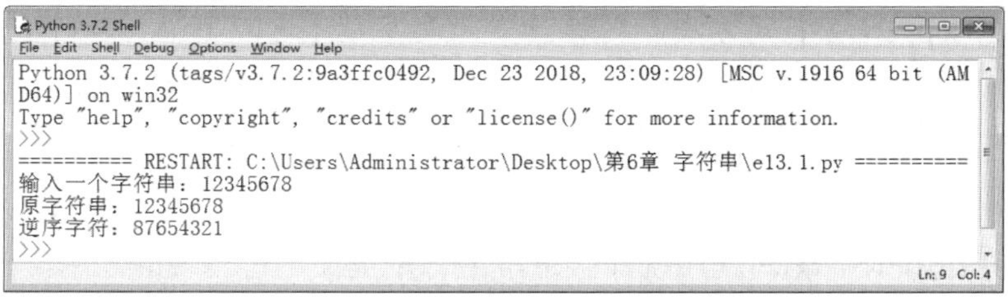

图 13.1　程序运行结果(逆序输出)

小贴士

通过分片生成逆序字符串，st[-1::-1]表示从末尾进行分片直到完成，步长为-1。

(5) 电文加密。下面的程序用来对输入的原文进行加密，程序的运行结果如图 13.2 所示。

① 新建文件。

② 编写程序。输入如下代码，运行无误后，将文件保存为"实验 13.2.py"。

```
#e13.2 电文加密
original=input('输入原文：')
cryption=''
for s1 in original:
    if s1.isalpha():
        i=ord(s1)+5
        if s1.isupper():
            if i>ord('Z'):i-=26
        else:
            if i>ord('z'):i-=26
        s2=chr(i)
        cryption+=s2
    else:
        cryption+=s1
print('输出密文：%s'%(cryption))
```

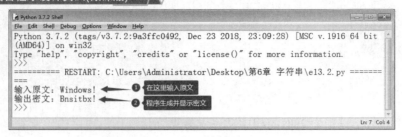

图 13.2　程序运行结果(电文加密)

> **说明**
>
> 电文加密规则：将原文中的字母转换为英文字母表中其后面第 5 个字母，例如，"A" → "F"，要保持原文的大小写状态，且除字母外的其他字符不变，不做加密处理；
>
> 代码中 s1.isalpha()字符串方法，判断 s1 是字母，返回 True，否则返回 False；
>
> 代码中 s1.isupper()字符串方法，判断 s1 是大写字母，返回 True，否则返回 False。
>
> 字母在 ASCII 表中分别按"a"—"b"和"A"—"Z"的顺序排列，也就是，26 个字母的 ASCII 码是连续的。"a"—"b"的 ASCII 码是 97—122，"A"—"Z"的 ASCII 码是 65—90。

(6) 英文字频统计。编写程序统计字符串中每个英文字母出现的频率，程序的运行结果如图 13.3 所示。

① 新建文件。

② 编写代码。将下面的代码补充完整，运行无误后，将文件保存为"实验 13.3.py"。

```
#e13.3 英文字频统计
str="Do not trouble trouble till trouble troubles you!"
count={}                 #定义空字典存放统计结果
for s in str:            #遍历字符串
    if s.___?___:        #判断 s 是不是字母
        if s in count:   #如果字母已经出现过
            count[s]+=1  #在原值加 1
        else:            #如果字母还未出现过
            count[s]=1   #则添加一个键值对
for i in count.___?___:  #遍历字典，显示统计结果
    print("字母"{}"出现的频率为:{}".format(___?___,___?___)
```

图 13.3　程序运行结果(英文字频统计)

③ 保存并运行。将程序文件保存为"实验13.3.py"。

count 为字典类型，用来存放统计结果，初始值为空字典。程序在遍历字符串过程中，首先查找该字母是否已经加入字典，"是"在其值上加 1，"否"则在字母中添加一个键值对。程序运行后 count 的键值对如下：

{'D': 1, 'o': 7, 'n': 1, 't': 6, 'r': 4, 'u': 5, 'b': 4, 'l': 6, 'e': 4, 'i': 1, 's': 1, 'y': 1}

如何对统计结果进行排序，找出出现频率最多的字母呢？

实验十四　中英文词频统计

实验目标

- 熟悉英文分词的方法和词频统计。
- 熟练掌握 jieba 库的安装和使用。
- 掌握中文词频统计的方法。

相关知识

字符串　列表　split 方法　replace 方法　sort 方法　get 方法

实验要求

在 IDLE 环境中，测试几个与英文词频相关的方法。完成程序代码的输入、保存、调试与运行。熟悉词频统计的步骤，掌握中英文词频统计的方法，完成下面的程序设计任务。

操作步骤

(1) 测试与英文词频统计相关的方法。在命令行依次输入下面的语句，将结果填写在横线处。

```
>>> s="Don't trouble trouble till trouble troubles you!"
>>> slist=s.split()  #将 s 字符串以分隔符拆分为列表，此处默认分隔符为"空格"
>>> len(slist)            #显示结果为_____
>>> slist[0]              #显示结果为_____
>>> slist[6]              #显示结果为_____
>>> s1=s.replace('!',' ')    #将 s 字符串中全部"!"替换为"空格"
>>> slist1=s1.split()
>>> len(slist1)           #显示结果为_____
>>> slist1[6]             #显示结果为_____
>>> list1=[['apple',10],['orange',5],['car',28],['bike',2]]
>>> list1.sort(key=lambda x:x[1],reverse=True)
>>> list1[0]              #显示结果为_____
>>> list1[0][1]           #显示结果为_____
>>>
```

(2) 英文字符串的词频统计。下面的程序用来对英文字符串中的单词进行词频统计，并将词频最高的 10 个单词显示出来。请将程序补充完整，并保存为"实验 14.1.py"，程序的运行结果如图 14.1 所示。

进行词频统计的一般步骤可以归纳如下：

第一步，获取英文字符串。通过字符串赋值或文件读取获取字符串。

第二步，字符串的预处理。将其中不需要进行统计的英文符号(标点)替换为空格。

第三步，将英文字符串拆分为列表，以"空格"为分隔符将字符串拆分为列表。

第四步，列表元素的词频统计。遍历列表统计元素出现次数，使用字典存放统计结果。

第五步，统计结果的排序与输出。对字典按关键字排序，并循环输出显示结果。

① 新建文件。

② 编写程序。将下面的代码补充完整，运行无误后，将文件保存为"实验 14.1.py"。

```
#e14.1 英文词频统计
raw='''
Canners can can what they can can but can not can things can't be canned.
'''
Text = raw.lower()
for t in '!"#$%&()*+,-./:;<=>?@[\\]^_{|}~':
    text = text.replace(t, " ")
words = text.___?___
counts =___?___
for w in words:
    counts[w] = counts.get(__?__) + 1
items = list(counts.items())
items.sort(key=lambda x:x[1], reverse=True)
for i in range(10):
    x =items[i][0]
    y = items___?___
    print ("{0:<10}{1:>5}".format(x, y))
```

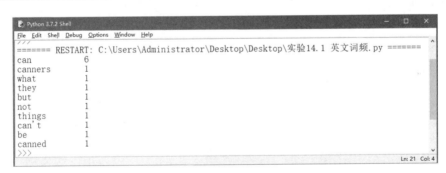

图 14.1 程序运行结果(1)

词频统计的关键就是分词，也就是将字符串或文件中的英文字符按某种分隔符(英文以空格或标点为间隔)进行拆分，拆分为单词后生成列表，然后对列表进行词频的统计。

(3) 文件中的英文词频统计。"I have a dream"是美国黑人民权领袖马丁·路德·金的著名演讲。下面的程序用来对文件中的英文单词进行词频统计，并将词频最高的 10 个单词显示出来。请按照下面的程序模板，完成程序设计，并保存为"实验 14.2.py"。程序运行结果如图 14.2 所示。

① 新建文件。

② 编写程序。将下面的代码补充完整，运行无误后，将文件保存为"实验 14.2.py"。

```
#e14.2 文件中的英文词频统计
#打开当前目录(.py 所在目录)下的文本文件，并读取其中全部字符
txt = open("i have a dream.txt", "r").read()
#对字符串进行预处理
txt = txt.lower()
for ch in '!"#$%&()*+,-./:;<=>?@[\\]^_`{|}~':
    txt = txt.replace(ch, " ")     #将文本中的特殊字符替换为空格
#下面的代码段用来拆分字符串并统计词频，统计结果将存放在字典"dict"中
####################请在这里编写代码段############################

####################################################################
#去掉结果中干扰词的词频数据
wlist=['the','a','of','to','in','and','is','be','as','that','this']
for i in wlist:
    dict.pop(i)
#下面的代码用来对 dict 进行降序排列，并显示词频最高的前 10 个单词
####################请在这里编写代码段############################

####################################################################
```

```
Python 3.7.2 Shell
File  Edit  Shell  Debug  Options  Window  Help
====== RESTART: C:\Users\Administrator\Desktop\Desktop\实验14.2文件的英文词频.py ======
we          30
will        27
freedom     20
from        18
our         17
have        17
with        16
i           15
negro       13
one         13
>>>
                                                                  Ln: 18 Col: 4
```

图 14.2　程序运行结果(2)

小贴士

　　open 语句用来打开当前目录下的指定文件，路径缺省时要求将文件保存在.py 文件所在的目录，否则会出错。

(4) 中文分词 jieba 库。下面的程序用来对"十九大报告.txt"进行词频统计，并显示词频最高的 10 个词语。程序运行结果如图 14.3 所示。

① 新建文件。

② 编写程序。将下面的代码补充完整，运行无误后，将文件保存为"实验 14.3.py"。

```
#e14.3 中文词频统计
import jieba
txt = open("十九大报告.txt", "r").read()
words = jieba.lcut(txt)
counts = ___?___
for w in words:
    if len(w) ==__?__:          #不统计单个汉字
        continue
    else:
        counts[w] = counts.get(w,0) + 1
litem = list(counts.items())
litem.sort(key=lambda ___?___, reverse=True)
print("{0:<10}{1:>10}".format("热词","出现次数"))
for i in range(10):
    word, count = litem[i]
    print ("{0:-<10}{1:->10}".format(___?___))
```

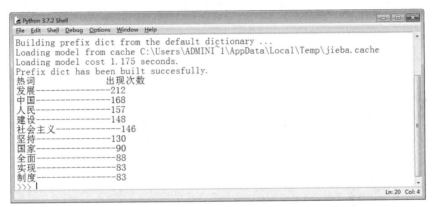

图 14.3　程序运行结果(3)

小贴士

jieba 是 Python 中文分词的第三方库，它支持 3 种分词模式：精确模式、全模式、搜索引擎模式。使用 jieba.cut 方法进行分词，返回的结构是一个可迭代的 generator，使用 jieba.lcut 可以直接返回列表。

实验十五　函数的定义和调用

- 掌握函数的定义。
- 掌握函数的调用方法。
- 了解函数的返回值。

实验 15　函数的定义和调用.mp4

相关知识　　　　　　　　　　　　　　　　　　　　　　⌄

函数的定义　函数的调用　形参　实参　函数的返回值

用户自己定义适应自身需求的函数称为自定义函数。函数定义后才可以调用。在定义函数中，参数列表中的参数没有确定的值，只有在调用函数时才向函数传递值，因此该参数被称为形式参数。当调用程序调用该函数时，通过写在调用函数括号内部的具体参数向形参传递相应的值，这时候括号内部的参数被称为实际参数。

操作步骤

(1) 组合数的公式为 $C_m^n = \dfrac{m!}{n!(m-n)!}$ ，编写计算组合数的程序。

① 打开 IDLE，选择 File→New File 命令，建立一个程序 "e15.1.py"。

② 在新程序窗口中建立以下程序。

```
#e15.1 计算组合数的程序
def fac(x):
    s=1
    for i in range(1,x+1):
        s=s*i
    return s

m=int(input("输入 m 的值: "))
n=int(input("输入 n 的值: "))
print("Cmn 的值为: ",fac(m)/(fac(n)*fac(m-n)))
```

③ 保存程序并按 F5 键运行。

程序运行结果如下：

```
输入 m 的值: 5
输入 n 的值: 3
```

Cmn 的值为：10.0

函数定义语句如下：

 def 函数名([形式参数列表])：函数体

调用函数语句如下：

函数名([实际参数列表])

组合数的计算需要进行 3 次阶乘的计算，将阶乘 x!定义为函数，在主程序中进行 3 次调用即可。

(2) 打印输出斐波拉契数列的前 20 项。

① 打开 IDLE，选择 File→New File 命令，建立一个程序"e15.2.py"。

② 在新程序窗口中建立以下程序。

```
#e15.2.py 斐波拉契数列输出
def Fibonacci(k):
    a=1
    b=1
    for i in range(k):
        print(a,end=" ")
        a,b=b,a+b
Fibonacci(20)
```

③ 保存程序并按 F5 键运行。

运行结果如下：

1 1 2 3 5 8 13 21 34 55 89 144 233 377 610 987 1597 2584 4181 6765

斐波拉契数列(Fibonacci sequence)又称黄金分割数列，因为是数学家列昂纳多·斐波拉契(Leonardoda Fibonacci)以兔子繁殖为例子而引入的，故又称为"兔子数列"，指的是这样一个数列：该数列前两个元素分别为 1，1，从第三个元素开始，每个元素是前两个元素的和，即 1、1、2、3、5、8、13、21、34、⋯

(3) 绘制五边形。

① 新建文件。

② 编写程序。将下面的代码补充完整，运行无误后，将文件保存为"实验 15.3.py"。

```
#e15.3.py 绘制五边形
import turtle
def Polygon(r):
    turtle.color('red','yellow')
    turtle.begin_fill()
    turtle.circle(_____?_____,_____?_____)
    turtle.end_fill()
Polygon(50)
turtle.hideturtle()
```

③ 保存程序并按 F5 键运行。

实验十六　函数的参数传递

实验目标

- 理解函数参数的传递方式。
- 理解位置参数、关键字参数、默认值参数、
  可变参数。

实验 16　函数的参数传递.mp4

相关知识

位置参数　关键字参数　默认值参数　可变参数

实验要求

　　函数的参数传递本质上是从实参到形参的赋值操作。Python 中所有的赋值操作都是"引用的赋值"，实际上是将实参所指向的对象地址传递给形参。

　　传递参数是不可变对象(例如：int、float、字符串、元组、布尔值)，在进行赋值操作时，由于不可变对象无法修改，系统会新创建一个对象。

　　传递参数是可变对象(例如：列表、字典、自定义的其他可变对象等)，直接修改所传递的对象，不创建新的对象。

　　函数调用位置参数时，实参默认按位置顺序传递，需要参数的个数、位置和顺序与形参匹配，否则程序报错。当函数调用关键字参数时，可以不考虑形参与实参的位置和顺序一一对应的关系。当不能确定函数需要多少个参数时，可以定义可变参数。可变参数指的是"可变数量的参数"。

　　Python 允许在创建函数时为形参指定默认值，当调用函数时，可以不为设置了默认值的形参传递值，也可以通过显式赋值方式改变默认值。

操作步骤

(1) 测试可变对象、不可变对象、传递不可变对象包含的子对象是可变的情况。

① 打开 IDLE，选择 File→New File 命令，建立一个程序"e16.1.py"。

② 在新程序窗口中建立以下程序。

```
#e16.1.py
def f1(x,y,z):
    print("x={}\ty={}\tz={}".format(x,y,z))
    x+=20           #a 为不可变对象，创建新的 x 对象
    y.sort()        #b 为可变对象，y 改变，b 也改变
```

```
    z[1][1]=100        #c 为不可变对象，但 c 中的第 2 个元素为可变对象列表，当 z 中的第 2 个
元素改变，c 也改变
    print("-"*45)
    print("x={}\ty={}\tz={}".format(x,y,z))
a=16
b=[3,12,-1]
c=("计算机",[89,76])
print("a={}\tb={}\tc={}".format(a,b,c))
f1(a,b,c)
print("a={}\tb={}\tc={}".format(a,b,c))
```

③ 保存程序并按 F5 键运行。

程序运行结果如下：

```
a=16      b=[3, 12, -1]    c=('计算机', [89, 76])
x=16      y=[3, 12, -1]    z=('计算机', [89, 76])
---------------------------------------------
x=36      y=[-1, 3, 12]    z=('计算机', [89, 100])
a=16      b=[-1, 3, 12]    c=('计算机', [89, 100])
```

小贴士

参数传递时，将实参 a、b、c 的值分别传递给形参 x、y、z，实参的个数、位置和顺序要与形参一致，当参数个数不一致时，程序将报错。

从 id 值可以看出，a 和 x 指向同一对象，实参 a 是不可变对象，对 x 重新赋值后，x 地址改变，x 变为新的对象，实参 a 的地址没有变化。形参的变化不影响实参。

b 和 y 指向同一对象，实参 b 是可变对象，对 y 执行 sort() 操作后，实参 b 也一起改变。

c 是不可变对象元组，但 c 中的第 2 个元素是可变对象列表，方法内修改了 z 中的第 2 个元素的值，源对象 c 也发生变化。

(2) 修改"实验 15.3.py"，绘制任意颜色的多边形。

① 打开 IDLE，选择 File→New File 命令，建立一个程序"e16.2.py"。

② 在新程序窗口中建立以下程序。

```
#e16.2.py 绘制任意颜色的多边形
import turtle
def Polygon(r,c1,c2,l=6,s=4):        #1 和 s 都是默认值参数
    turtle.color(c1,c2)
    turtle.pensize(s)
    turtle.begin_fill()
    turtle.circle(r,steps=l)
    turtle.end_fill()
x1=int(input("请输入半径："))
x2=input("请输入边框颜色:")
x3=input("请输入填充颜色: ")
x4=int(input("请输入边长："))
x5=int(input("请输入笔触大小："))
turtle.up()
turtle.goto(0,80)
```

```
turtle.pd()
Polygon(x1,x2,x3,x4,x5)                #位置参数

turtle.up()
turtle.goto(-50,-50)
turtle.pd()
Polygon(x1,x2,x3,x4)

turtle.up()
turtle.goto(100,-50)
turtle.pd()
Polygon(x1,c1="red",c2="green")        #关键字参数

turtle.hideturtle()
```

③ 保存程序并按 F5 键运行。

```
请输入半径: 60
请输入边框颜色:blue
请输入填充颜色: yellow
请输入边长: 4
请输入笔触大小: 1
```

程序的运行结果如图 16.1 所示。

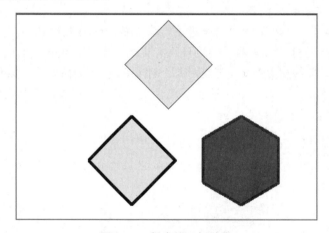

图 16.1　程序的运行结果

　　执行调用函数 Polygon(x1,x2,x3,x4,x5)语句时，将实参 x1,x2,x3,x4,x5 的值分别传递给形参 r,c1,c2,l,s，参数的个数、位置和顺序要与形参一致，当参数个数不一致时，程序将报错。

　　执行调用函数 Polygon(x1, c1="red",c2="green")语句时，实参 x1 的值赋值给形参 r，c1="red",c2="green"为关键字参数，l、s 为默认值参数，在调用语句中没有给形参 l 和 s 赋值，分别使用默认值 6 和 4。

(3) 绘制随机颜色的多边形。

① 新建文件。

② 编写程序。将下面的代码补充完整，运行无误后，将文件保存为"e16.3.py"。

```
#e16.3.py 绘制随机颜色的多边形
import turtle
def Polygon(r,c1,c2,_?_,_?_):  #size 和 l 都是默认值参数，size 值为 4，l 值为 5
    turtle.color(c1,c2)
    turtle.pensize(size)
    turtle.begin_fill()
    turtle.circle(_?_,steps=l)
    turtle.end_fill()
import random
colors=["red","blue","yellow","black","pink","green","brown","purple"]
x=random.randint(50,100)
s=random.randint(1,10)
y1=colors[random.randint(0,_?_)]
y2=colors[random.randint(0,_?_)]
z=random.randint(3,10)
Polygon(x,y1,y2,s,z)      #位置参数
```

③ 保存程序并按 F5 键运行。

(4) 可变参数——单星号参数。

① 打开 IDLE，选择 File→New File 命令，建立一个程序"e16.4.py"。

② 在新程序窗口中建立以下程序。

```
#e16.4.py 绘制任意多边形
import turtle
def Polygon(*a):
    turtle.color(a[1],a[2])
    turtle.pensize(a[3])
    turtle.begin_fill()
    turtle.circle(a[0],steps=a[4])
    turtle.end_fill()
x=int(input("请输入半径："))
y1=input("请输入边框颜色:")
y2=input("请输入填充颜色：")
s=int(input("请输入笔触大小："))
z=int(input("请输入边长："))
Polygon(x,y1,y2,s,z)
turtle.hideturtle()
```

③ 保存程序并按 F5 键运行。

程序运行结果如下：

```
请输入半径：40
请输入边框颜色:red
请输入填充颜色：yellow
请输入笔触大小：3
请输入边长：6
```

(5) 可变参数——双星号参数。

① 打开 IDLE，选择 File→New File 命令，建立一个程序 "e16.5.py"。

② 在新程序窗口中建立以下程序。

```
#e16.5.py 绘制任意多边形
import turtle
def Polygon(r,**a):
    print(r,a)
    turtle.color(a["y1"],a["y2"])
    turtle.pensize(a["s1"])
    turtle.begin_fill()
    turtle.circle(r,steps=a["s2"])
    turtle.end_fill()
x=int(input("请输入半径："))
Polygon(x,y1="yellow",y2="red",s1=3,s2=6)
turtle.hideturtle()
```

③ 保存程序并按 F5 键运行。

小贴士

**param(两个星号)将多个参数收集到一个 "字典" 对象中。

实验十七　变量的作用域

实验目标

- 掌握全局变量作用范围。
- 掌握局部变量作用范围。

实验 17　变量的作用域.mp4

相关知识　　　　　　　　　　　　　　　　　　　　⌄

全局变量　局部变量

 实验要求

　　Python 中变量起作用的范围称为变量的作用域，不同作用域内同名变量之间互不影响。根据变量作用域不同，将变量分为全局变量和局部变量。

　　全局变量：在函数和类定义之外声明的变量。作用域为定义的模块，从定义位置开始直到模块结束；函数内要改变全局变量的值，使用 global 声明。局部变量：在函数体中(包含形式参数)声明的变量；局部变量的引用比全局变量快，优先考虑使用。如果局部变量和全局变量同名，则在函数内隐藏全局变量，只使用同名的局部变量。

操作步骤

(1) 变量作用域测试 1。

① 打开 IDLE，选择 File→New File 命令，建立一个程序"e17.1.py"。

② 在新程序窗口中建立以下程序。

```
#e17.1.py
a,b = 200,100          #a、b 为全局变量
def func1():
    c=a+b              #c 为局部变量
    print(a,b,c)       #函数体内输出 a、b、c 的值
func1()                #主程序中调用函数
print(a,b)             #主程序中输出全局变量 a、b 的值
```

③ 保存程序并按 F5 键运行。程序的运行结果如下：

```
200 100 300
200 100
```

(2) 变量作用域测试 2。

① 打开 IDLE，选择 File→New File 命令，建立一个程序"e17.2.py"。

② 在新程序窗口中建立以下程序。

```
#e17.2.py
a,b = 200,100                              #a、b 为全局变量
print("第 1 次输出 a,b 的值",a,b)          #主程序中输出全局变量 a、b 的值
def func2():
    global a  #如果要在函数内改变全局变量的值，增加 global 关键字声明
    a=50
    c=a+b                                  #c 为局部变量
    print("函数中输出 a,b,c 的值",a,b,c)   #函数体内输出 a、b、c 的值
func2()                                    #主程序中调用函数
print("第 2 次输出 a,b 的值",a,b)          #主程序中输出全局变量 a、b 的值
```

③ 保存程序并按 F5 键运行。程序的运行结果如下：

```
第 1 次输出 a,b 的值 200 100
函数中输出 a,b,c 的值 50 100 150
第 2 次输出 a,b 的值 50 100
```

(3) 全局变量和局部变量同名测试。

① 打开 IDLE，选择 File→New File 命令，建立一个程序"e17.3.py"。

② 在新程序窗口中建立以下程序。

```
#e17.3.py
a,b = 200,100                    #全局变量
print("a=",a,"b=",b)             #主程序中输出全局变量 a、b 的值
def func2():
    a=500
    b=600
    c=a+b
    print("a=",a,"b=",b,"c=",c)  #函数体内输出 a、b、c 的值
func2()                          #主程序中调用函数
print("a=",a,"b=",b)             #主程序中输出全局变量 a、b 的值
```

③ 保存程序并按 F5 键运行。程序的运行结果如下：

```
a=200   b=100
a=500   b=600   c=1100
a=200   b=100
```

 小贴士

函数体内的 a、b 为局部变量，与主程序的 a、b 不是同一变量。

局部变量的查询和访问速度比全局变量快，优先考虑使用，尤其是在循环的时候。

实验十八　函数的嵌套与递归

实验 18　函数的嵌套与递归.mp4

实验目标

- 了解函数嵌套的原理。
- 理解函数递归调用方法。

相关知识 ▽

函数的嵌套　函数的递归

 实验要求

函数的嵌套就是在函数内部包含一个完整的函数。被包含的函数为内部函数，包含函数的为外部函数。

函数的递归指在函数体内部直接或间接调用自己的函数。

 操作步骤

(1) 函数的嵌套练习 1。

① 打开 IDLE，选择 File→New File 命令，建立一个程序 "e18.1.py"。

② 在新程序窗口中建立以下程序。

```
#e18.1.py
def f1():
    print("f1 运行!")
    def f2():
        print("f2 运行!")
    f2()
f1()
print("程序结束!")
```

③ 保存程序并按 F5 键运行。

程序的运行结果如下：

```
f1 运行!
f2 运行!
程序结束!
```

小贴士

f2()定义在 f1()中，f2()是内部函数，f1()是外部函数，f2()的定义和调用都在 f1()内实现。

(2) 递归绘制正方形螺旋线。

① 打开 IDLE，选择 File→New File 命令，建立一个程序"e18.2.py"。

② 在新程序窗口中建立以下程序。

```
#e18.2.py 绘制正方形螺旋线
from turtle import *
def draw(line):
    if line>0:
        fd(line)
        right(90)
        draw(line-1)
draw(100)
hideturtle()
```

③ 保存程序并按 F5 键运行。

程序运行结果如图 18.1 所示。

图 18.1　绘制正方形螺旋线的程序运行结果

(3) 修改斐波拉契数列程序，实现绘制螺旋线。

① 打开 IDLE，选择 File→New File 命令，建立一个程序"e18.3.py"。

② 在新程序窗口中建立以下程序。

```
#e18.3.py 利用斐波拉契数列绘制螺旋线
from turtle import *
pencolor("red")
def fib(n):
    if n<2:
        return 1
    else:
        return fib(n-1)+fib(n-2)
for i in range(21):
    circle(fib(i),90)
```

③ 保存程序并按 F5 键运行。

程序的运行结果如图 18.2 所示。

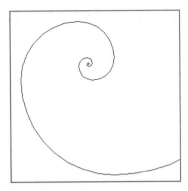

图 18.2　利用斐波拉契数列绘制螺旋线的程序运行结果

(4) 修改 e18.3.py 程序，实现斐波拉契数列绘制文字圆螺旋线，运行结果如图 18.3 所示。

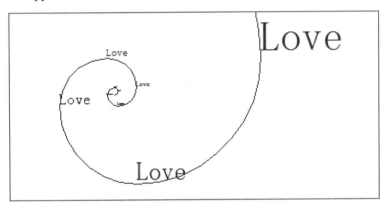

图 18.3　利用斐波拉契数列绘制文字圆螺旋线的程序运行结果

① 新建文件。

② 编写程序。将下面的代码补充完整，运行无误后，将文件保存为"e18.4.py"。

```
#e18.4.py 利用斐波拉契数列绘制文字圆螺旋线
from turtle import *
pencolor("red")
def fib(n):
    if n<2:
        return 1
    else:
        return fib(n-1)+fib(n-2)
for i in range(21):
    circle(fib(i)*4,90)
    write(_?_,font=("",_?_))
```

③ 保存程序并按 F5 键运行。

实验十九　lambda 函数

实验 19　lambda 函数.mp4

实验目标

- 掌握 lambda 函数的定义。
- 掌握 lambda 函数的使用。

相关知识

匿名函数　lambda

lambda 函数是一种简单的、在同一行中定义函数的方法。lambda 函数实际生成了一个函数对象。

Lambda 函数只允许包含一个表达式，不能包含复杂语句，该表达式的计算结果就是函数的返回值。

1. lambda 函数的使用 1

(1) 打开 IDLE，输入如下命令。

```
>>> f=lambda x,y,z: x*y*z
>>> f(1,2,3)
6
```

lambda 函数的语法格式：

<函数名>=lambda <参数列表>:<表达式>

<表达式>相当于函数体。运算结果是表达式的运算结果。

(2) 选择 File→New File 命令，建立一个程序 "e19.1.py"。

(3) 在新程序窗口中将(1)中命令输入。

```
#e19.1.py
f=lambda x,y,z: x*y*z
print(f(1,2,3))
```

输出结果如下：

```
6
```

(4) "e19.1.py" 相当于以下 "e19.1-1.py" 定义的函数：

```
#e19.1-1.py
def f(x,y,z):
    return(x*y*z)
print(f(1,2,3))
```

输出结果如下：

```
6
```

2. lambda 函数的使用 2

打开 IDLE，输入如下命令。

```
>>> f=[lambda x:x*2,lambda y:y**2]
>>> f[0](1)
2
>>> f[1](2)
4
```

实验二十 文本文件的操作

实验目标

- 熟悉基本文件类型。
- 掌握文本文件的打开、修改和关闭。
- 掌握读取文件的常用方法。

实验 20 文本文件的操作.mp4

相关知识 ⌄

open()函数 close()函数 文件读取/写入相关函数

实验要求

Python 提供了必要的函数和方法进行文件基本操作。先用 Python 内置的 open()函数打开文件，创建一个 file 对象。文件被打开后，使用相关函数操作文件内容。最后用 close()函数关闭文件。

操作步骤

(1) 循环逐行读取文件中的信息。编程显示《短歌行》中包含"月"字的诗句，"短歌行.txt"的内容见图 20.1。

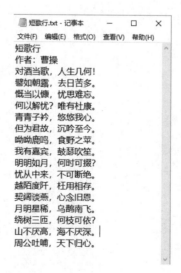

图 20.1 "短歌行.txt"的内容

① 新建文件。选择 File→New File 命令，打开程序窗口，输入如下代码：

```
#e20.1.py 显示《短歌行》中包含"月"的诗句
f=open("短歌行.txt","r")
for 行 in f:
    if "月" in 行:print(行)
f.close()
```

 小贴士

open()函数用于打开文件，并实现该文件与变量 f 的关联。open()中的参数"r"，表示以只读方式打开文件(参见表 20.1)。close()函数用于关闭已打开的文件。关闭后的文件不能再进行读/写操作。

表 20.1　open()函数的打开模式参数

打开模式	含　义
'r'	只读模式。如果文件不存在，返回异常 FileNotFoundError，默认值
'w'	覆盖写模式。文件不存在就创建，存在则完全覆盖源文件
'x'	创建写模式。文件不存在就创建，存在则返回异常 FileExistsError
'a'	追加写模式。文件不存在就创建，存在则在原文件最后追加内容
'b'	二进制文件模式
't'	文本文件模式，默认值
'+'	与 r/w/x/a 一同使用，在原功能基础上增加同时读/写功能

② 选择 File→Save 命令，保存文件，文件名为"e20.1.py"。
③ 复制文本文件"短歌行.txt"，粘贴到与"e20.1.py"相同的路径下。
④ 选择 Run→Run Module 命令，运行程序文件。程序的运行结果如图 20.2 所示。

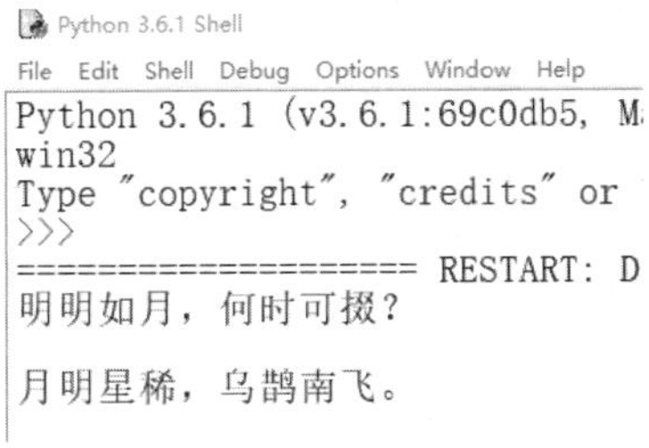

```
Python 3.6.1 Shell
File Edit Shell Debug Options Window Help
Python 3.6.1 (v3.6.1:69c0db5, M.
win32
Type "copyright", "credits" or
>>>
==================== RESTART: D
明明如月，何时可掇？

月明星稀，乌鹊南飞。
```

图 20.2　程序的运行结果

(2) 《短歌行》对句。改编程序"e20.1.py"，实现《短歌行》输入上句，对下句功能。程序的运行结果如图 20.3 所示。

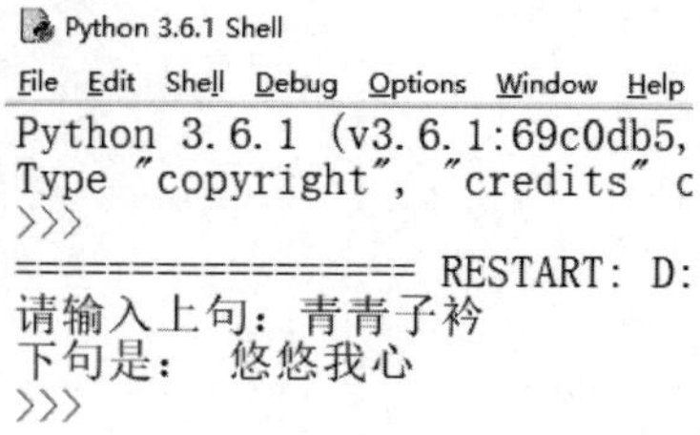

```
Python 3.6.1 Shell
File  Edit  Shell  Debug  Options  Window  Help
Python 3.6.1 (v3.6.1:69c0db5,
Type "copyright", "credits" c
>>>
================= RESTART: D:
请输入上句：青青子衿
下句是： 悠悠我心
>>>
```

图 20.3　程序的运行结果

说　明

程序"e20.2.py"跟程序"e20.1.py"的功能相似，都是先找到符合条件的行。找到符合 if 条件的行后，可以使用字符串切片，获取下句并打印。

① 新建文件。

② 编写代码。将以下代码中下划线带问号部分补充完整。

```
#e20.2.py《短歌行》对句
上句=input("请输入上句：")
f = ___?___ ("短歌行.txt","r")
for 行 in f:
    if ___?___:print("下句是：",___?___)
f. ___?___
```

③ 保存运行。将文件保存，文件名为"e20.2.py"。运行程序，输入《短歌行》中任意上半句，如"青青子衿"，按 Enter 键，观察结果如下。

```
请输入上句：青青子衿
下句是： 悠悠我心
```

小贴士

已知上句找下句，这里可以用 in 运算和字符串切片。

(3) 简单读取命令操作。将文件 s.txt 存放在 D 盘根目录下，在 IDLE 窗口中测试下面的命令，在横线上写出程序运行结果。s.txt 的内容见图 20.4。

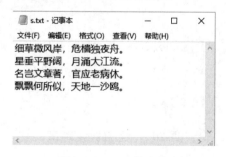

图 20.4　s.txt 的内容

```
>>> f = open("d:/s.txt","r")
>>> print(f.read(6))
#显示结果为_____
>>> print(f.read(6))
#显示结果为_____
>>> f.seek(0)
>>> print(f.read(2))
#显示结果为_____
>>> print(f.readline())
#显示结果为_____
>>> f.close()
```

小贴士

read(size)函数从文件当前位置起读取 size 字节，若无参数 size，则读取至文件末尾。readline()函数每次读取一行内容。seek(0)表示指针回到文件开头。文件读取函数的模式及含义如表 20.2 所示。

表 20.2　文件读取函数

打开模式	含　义
<file>.seek()	改变指针位置，0 指向开头，2 指向结尾
<file>.read(size)	从文件中读入整个文件内容；如果给出参数，读入前 size 长度的字符串或字节流
<file>.readline(size)	从文件中读入一行内容；如果给出参数，读入该行前 size 长度的字符串或字节流
<file>.readlines(hint)	从文件中读入所有行，以每行为元素形成一个列表；如果给出参数，读入 hint 行

(4) 读取文件的任意行。编写程序"e20.3.py"，实现读取文件并显示第二行内容的功能。程序的运行结果如图 20.5 所示。

① 新建程序文件，在新文件窗口中输入以下内容：

```
#e20.3.py 读取文件并显示第二行内容
f=open("d:/s.txt","r")
全文=f.readlines()
print(全文[1])
f.close()
```

小贴士

Readlines()函数的功能是读取所有行，同时生成一个列表。这里的"全文[1]"是列表的第二个元素，就是第二行。

==================== RESTART:
==

星垂平野阔，月涌大江流。

图 20.5　程序运行结果

② 保存运行。将文件保存，文件名为"e20.3.py"。运行程序，观察结果。

(5) 文件的写入。编写程序，把签到打卡程序的签到记录，写入文件"打卡记录.txt"。

① 新建程序文件，在新文件窗口中输入以下内容：

```
#e20.4.py 签到打卡机 5.0 版
import time
姓名=["曹操","刘备","孙权","关羽","张飞","诸葛亮","赵云"]
f=open('打卡记录.txt','a')                #以追加写入方式打开文件
while True:
    序号=int(input("请输入序号，输入 0 退出"))
    if 序号==0:break
    时间=time.asctime()
    信息=姓名[序号-1]+" "+时间
    小时=int(时间[11:13])
    if 小时<=8 :                           #假设 8 点之后算迟到
        状态="按时"
    else:状态="迟到"
    print (信息,"打卡",状态)
    f.write(信息+"打卡"+状态+"\n")         #将打卡信息写入文件
f.close()
```

 小贴士

追加写入模式：打开文件后保留原来的内容，把新的内容写在原内容后面。如果没有文件，则新建一个文件把内容写入。write()函数用于向文件中写入指定字符串，可以多次使用，写入连续的内容。

② 保存运行。将文件保存，文件名为"e20.4.py"。运行程序，输入打卡人序号，打开"打卡记录.txt"，观察结果。

实验二十一 二维数据 csv 文件读写

实验目标

- 熟悉 csv 文件存取数据的基本方式。
- 掌握 csv 文件的打开、修改和关闭。
- 掌握二维数据的读取和写入文件的常用方法。

实验 21　CSV 文件读写.mp4

相关知识

write()函数　split()函数　join()函数　csv 文件导入列表

实验要求

　　Python 对于 csv 文件的基本操作包括将文件内容导入二维列表、二维数据的查询定位、数据的写入以及数据内容的修改。本实验涵盖了上述所有操作，基本实现了用 Python 对 csv 文件读写的常用方法。

操作步骤

（1）循环逐行读取 csv 文件中的信息。编程显示"成绩单.csv"中的全部信息。"成绩单.csv"的内容见图 21.1。

图 21.1　"成绩单.csv"的内容

说 明

csv 文件既可以用记事本打开，也可以用 Excel 打开。文件中的数据元素用逗号分隔开，如果用 Excel 打开，看不到文件中的逗号。在 Python 中打开 csv 文件的函数还是open()函数，使用的方法与文本文件相同。事实上 Python 就是把 csv 文件当作文本文件来看待的，要分割数据，就使用逗号。

① 新建文件。选择 File→New File 命令，打开程序窗口，输入如下代码：

```
#e21.1.py 顺序读取 csv 文件
fc = open("成绩单.csv","r")
for line in fc:
    print(line)
fc.close()
```

小贴士

open()函数用于打开文件，并实现该文件与变量 fc 的关联。参数 "r"，表示以只读方式打开文件。close()函数用于关闭文件，关闭后的文件不能再进行读写操作。

② 选择 File→Save 命令，保存文件，文件名为 "e21.1.py"。
③ 复制文件 "成绩单.csv"，粘贴到与 "e21.1.py" 相同的路径下。
④ 选择 Run→Run Module 命令，运行程序文件。程序运行结果见图 21.2。

```
=================== RESTA
序号,学号,姓名,平时成绩

1,19015005,顾莹,80

2,19015008,任欣,85

3,19015009,杨晚晴,73

4,19025011,赵晓静,69

5,19015015,于彤,59

6,19025018,程琳,52

7,19015022,冯仪,90

8,19025027,郭永康,100

9,19015029,侯柠,81
```

图 21.2　程序的运行结果

(2) 将数据导入二维列表。编写程序 "e21.2.py"，将 "成绩单.csv" 的数据导入二维列表，并显示表中第 2 行。

说 明

表中数据读取后被看作连续的字符串，其中包含逗号和换行符。这里要想办法先把数据分割开，再存入一个二维列表。

① 新建文件。

② 编写代码。

```
#e21.2.py 将数据导入二维列表，并显示表中第 2 行
fb = open("成绩单.csv", "r")
表格 = []
for line in fb:
    line = line.replace("\n","")         #删除每行数据结尾的换行符
    表格.append(line.split(","))          #将表中一行，作为二维列表的一个元素
print(表格[2])
fb.close()
```

③ 保存运行。将文件保存，文件名为 "e21.2.py"。运行程序，结果如下。

```
['2', '19015008', '任欣', '85']
```

 小贴士

这里的结果是 csv 文件中的一行，文件中的每行都是一个独立的列表。所有的行列表组合在一起形成一个二维列表，就是上面程序中的 "表格" 二维列表。

(3) 二维数据的简单查询。编写程序 "e21.3.py"，实现对 "成绩单.csv" 数据的简单查询。输入姓名查询并显示对应的成绩。程序运行结果如下：

```
请输入姓名:于彤
平时成绩： 59
```

① 新建文件。

② 编写代码。将代码中下划线带问号部分补充完整。

```
#e21.3.py 按姓名查询成绩
fo = open("成绩单.csv", "r")
表格 = ___?___
for line in fo:
    line = line. ___?___
    表格.append(line. ___?___ )
fo.close()
姓名=input("请输入姓名:")
for i in 表格:
    if 姓名 in i:print("平时成绩: ",___?___ )
```

小贴士

二维数据读取后，查询的过程实际是对列表的处理。先查到满足条件的行对应的子列表，再定位子列表的某个元素。

(4) 写入一行新数据。编写程序 "e21.4.py"，打开 "成绩单.csv"，在文件中写入一条新的学生信息。

① 新建文件。

② 编写代码如下。

```
#e21.4.py 数据写入
fo = open("成绩单.csv", "a")            #以追加写入的方式打开文件
新记录 = ['10', '19015032', '纪雪', '92']
fo.write(",".join(新记录)+ "\n")
fo.close()
```

③ 保存运行。将文件保存，文件名为"e21.4.py"。运行程序，打开文件"成绩单.csv"查看，结果如图 21.3 所示。

图 21.3　程序的运行结果

 小贴士

在后面写入新数据时，要加入逗号和换行符，以保持文件的一致性。注意程序每运行一次就会添加一条新记录；如果程序反复运行，会添加多条重复记录。

(5) 文件中数据的修改。编写程序"e21.5.py"，打开"成绩单.csv"，输入一个序号，找到对应的学生，修改平时成绩加 3 分，并把修改后的信息写入文件。程序的运行结果如下：

```
输入序号:5
['5', '19015015', '于彤', '62']
5 号同学平时成绩加 3 分
```

① 新建文件。
② 编写代码如下：

```
#e21.5.py 文件中数据的修改
fo = open("成绩单.csv", "r")
表格 = []
for line in fo:
    line = line.replace("\n","")
    表格.append(line.split(","))
fo.close()
n=int(input("输入序号:"))
表格[n][3]=str(int(表格[n][3])+3)
print(表格[n])
```

```
print(n,"号同学平时成绩加 3 分")
fo = open("成绩单.csv", "w")
for i in 表格:
    fo.write(",".join(i)+ "\n")
fo.close()
```

③ 保存运行。将文件保存，文件名为"e21.5.py"。运行程序，打开文件"成绩单.csv"查看文件的变化，结果如图 21.4 所示。

图 21.4　程序运行前后文件内容对比

　　数据的修改过程比较复杂。首先，把数据读入二维列表。其次，在二维列表中定位，修改列表中相应数据。最后把修改后的二维列表，整个覆盖写入原来的 csv 文件中，而不是只修改文件的某项内容。

实验二十二　os 模块和文件夹

实验目标

- 熟悉 Python 对于文件夹和文件的表示方式。
- 掌握 os 模块常用函数的使用。
- 掌握文件夹和文件的基本操作方法。

实验 22　OS 模块和文件夹.mp4

相关知识

os 模块及相关函数　文件夹基本操作

实验要求

程序操作经常会与文件和目录打交道，Python 的 os 模块中包含很多操作文件和目录的函数。os 可以满足基本的文件夹及文件操作，注意有些函数是在 os 模块中，而有些函数是在 os.path 模块中。

操作步骤

(1) 在 IDLE 中，练习 os 模块的基本函数。os 模块的常用函数如表 22.1 所示。

表 22.1　os 模块的常用函数

方　法	功　能
os.chdir(path)	改变当前工作目录
os.close(fd)	关闭文件
os.curdir	返回当前目录
os.dup(fd)	复制文件
os.dup2(fd, fd2)	将一个文件复制到另一个文件
os.getcwd()	返回当前工作目录
os.listdir(path)	返回 path 指定的文件夹包含的文件或文件夹的名字的列表
os.makedirs(path[, mode])	创建具有多级目录的文件夹
os.mkdir(path[, mode])	创建具有一级目录的名为 path 的文件夹
os.open(file, flags[, mode])	打开一个文件
os.path.abspath(path)	返回 path 规范化的绝对路径
os.path.basename(path)	返回 path 最后的文件名

续表

方　　法	功　　能
os.path.isabs(path)	如果 path 是绝对路径，返回 True
os.path.exists(path)	如果 path 存在，返回 True，否则返回 False
os.path.isfile(path)	如果 path 是一个存在的文件，返回 True，否则返回 False
os.path.isdir(path)	如果 path 是一个存在的目录，返回 True，否则返回 False
os.remove(path)	删除路径为 path 的文件
os.removedirs(path)	递归删除目录。若目录为空就删除，并递归到上一级目录；若也为空，则删除
os.rename(src, dst)	重命名文件或目录
os.renames(old, new)	递归地对目录进行更名，也可以对文件进行更名
os.rmdir(path)	删除 path 指定的空目录；如果目录非空，则抛出一个 OSError 异常
os.walk(path[,topdown=0])	遍历目录树，返回的是一个三元组(dirpath, dirnames, filenames)

测试表达式。把文件夹"test"复制到 D 盘根目录下，在命令行执行下面的语句，打开文件夹"d:\test"，对比观察命令的执行结果。

```
>>> import os
>>> os.chdir("d:/test")                    #改变当前目录指向"d:/test"
>>> print(os.getcwd())                     #获取当前路径
执行上面的语句后，显示的结果为_____
>>> print(os.listdir())                    #获取当前路径下的文件列表
执行上面的语句后，显示的结果为_____
>>> os.path.getsize(r"d:/test/a.txt")      #获取文件大小，以字节为单位
执行上面的语句后，显示的结果为_____
>>> os.mkdir("d:/test/doc")                #创建一个新文件夹
>>> for root, dirs, files in os.walk("d:/test",topdown=0):
        print(root,dirs,files)
>>> os.remove("d:/test/b.txt")             #删除一个文件
>>> os.rmdir("d:/test/doc")                #删除一个空文件夹
```

小贴士

os.walk()函数通过在目录树中游走获取目录中的文件名，返回的是一个三元组(文件夹,子目录,文件)。topdown 为可选参数，默认为"1"，表示优先遍历根目录；若 topdown 为"0"，则深度优先遍历子目录。os.walk()是一个简单易用的文件、目录遍历器，可以帮助我们高效地处理文件、目录方面的事情，在 UNIX、Windows 中有效。

(2) 利用 os 模块实现对文件的查询统计功能。编程实现"作业统计助手"。要求：根据给定的成绩单和作业文件夹，判断哪些人没交作业并统计总人数。

① 将"作业"文件夹连同文件，复制到 D 盘根目录下。

② 编写代码。新建程序文件，输入下面的代码。

```
#e22.1.py 作业统计助手
import os
```

```
文件名列表=os.listdir("d:/作业")     #读取文件名到列表
文件名串=' '.join(文件名列表)
表格 = []
fo = open("成绩单.csv", "r")
for line in fo:
    line = line.replace("\n","")
    表格.append(line.split(","))
fo.close()
s=0
for i in 表格[1:]:                 #去掉表头
    if i[2] not in 文件名串:       #判断姓名是否在文件名串中出现
        print(i[0],i[2],"没交作业")
        s=s+1
print("共",s,"人未交作业")
```

③ 运行程序。将文件保存为"e22.1.py"，将"成绩单.csv"复制到程序相同目录下。运行程序，结果如下：

```
2 任欣 没交作业
7 冯仪 没交作业
9 侯柠 没交作业
共 3 人未交作业
```

小贴士

本实验首先把作业文件名读入列表，然后把 csv 文件中的信息读入二维列表，最后把两者进行比对，找出目标。

(3) 文件的删除。编程实现清理文件夹中的垃圾文件。要求：检索给定的"test"文件夹，找到所有垃圾文件并删除。垃圾文件包括扩展名为".tmp"".log"的文件和空文件。

① 新建程序文件。

② 编写代码。输入下面的代码。

```
#e22.2.py 清理文件夹中的垃圾文件
from os import *
def 清理(文件夹):
    if not path.isdir(文件夹):          #判断当前对象是否为文件夹
        return
    for 文件名 in listdir(文件夹):
        路径=文件夹+"/"+文件名            #生成文件的完整路径
        文件大小=path.getsize(路径)
        if path.isdir(路径):
            清理(路径)                   #递归调用清理函数
        elif 文件名[-4:] in [".tmp",".log"] or 文件大小==0:
            remove(路径)
            print(路径,"--被删除--")
文件夹="d:/test"
清理(文件夹)
```

③ 运行程序。将文件保存为"e22.2.py"。运行结果如下：

```
d:/test/录音/480p.tmp --被删除--
d:/test/相册/adupdate.log --被删除--
d:/test/相册/display.log --被删除--
d:/test/w.docx --被删除--
```

 小贴士

本实验定义了一个函数"清理"程序，通过对函数的递归调用，找到所有垃圾文件并删除。

（4）文件夹的删除。

新建一个程序文件，编写程序实现清理空文件夹的功能。要求：运行程序后，找到"test"文件夹中的所有空文件夹并删除。运行结果如下。程序保存为"e22.3.py"。

```
d:/test\狸窝\全能视频转换器 --被删除--
d:/test\狸窝 --被删除--
```

 说明

这里可以使用 os.walk()首先生成目录树，再对空目录进行删除处理。

实验二十三　常见异常及异常处理

实验 23　常见异常及异常处理.mp4

实验目标

- 熟悉 Python 常见错误类型。
- 掌握 try、except 命令的基本使用方式。
- 掌握找到程序错误位置和类型的方法。

相关知识

try 命令　except 命令　常见错误

实验要求

Python 提供了异常检测功能，来处理 Python 程序在运行中出现的异常和错误，可以使用该功能来调试 Python 程序。通常在 Python 无法正常处理程序的情况下，就会发生一个异常。异常是 Python 的对象，表示一个错误。当 Python 脚本发生异常时我们需要捕获它，否则程序会终止执行。捕获异常可以使用 try/except 语句。在 try 里捕获异常，可以使程序不会因异常而终止。

操作步骤

(1) 验证程序因为输入不合理出现的错误。编程验证除数不合法的情况，观察错误信息。

① 新建文件。选择 File→New File 命令，打开程序窗口，输入如下代码：

```
#e23.1.py 程序输入不合理出现的错误
除数=eval(input ("请输入除数: "))
print(3/除数)
```

② 选择 File→Save 命令，保存文件，文件名为 "e23.1.py"。

③ 选择 Run→Run Module 命令，两次运行程序文件，分别输入 "0" 和 "k"，运行结果如下。

```
请输入除数: 0
Traceback (most recent call last):
  File "/Users/Desktop/e24.1.py", line 3, in <module>
    print(3/除数)
ZeroDivisionError: division by zero
请输入除数: k
```

```
Traceback (most recent call last):
  File "/Users/Desktop/e24.1.py", line 2, in <module>
    除数=eval(input ("请输入除数: "))
  File "<string>", line 1, in <module>
NameError: name 'k' is not defined
```

这个程序本身没有语法错误，但除数如果输入 0，则后面的 print 语句就出现了一个语法错误，ZeroDivisionError 表示除零错误。而输入"k"时，则因为 eval()函数使 k 变成了一个变量，错误信息表示 k 没有定义。程序设计中经常会遇到这样的情况，这是输入与预期不匹配造成的错误。

(2) 测试是否有错误。编写程序"e23.2.py"，测试程序是否有错误；如果有则显示"出错了！"。

try 用来测试错误，没有错误就正常执行，如果有错误则执行 except 后面的语句。

① 新建文件。
② 编写代码。

```
#e23.2.py 程序输入不合理出现的错误
try:
    除数=eval(input ("请输入除数: "))
    print(3/除数)
except:
    print("出错了! ")
```

③ 保存运行。将文件保存，文件名为"e23.2.py"。三次运行程序，输入"k""0""4"，显示结果如下：

```
请输入除数: k
出错了!
请输入除数: 0
出错了!
请输入除数: 4
0.75
```

这里只测试出输入"k""0"时程序有错误，但没有给出具体的错误类型。下面的例子用来判断具体错误原因。

(3) 判断错误原因。编写程序"e23.3.py"，判断错误原因，并根据原因显示不同结果。
① 新建文件。
② 编写代码。

```
#e23.3.py 判断错误原因
try:
    除数=eval(input ("请输入除数："))
    print(3/除数)
except ZeroDivisionError:
    print("除数不能为 0！")
except:
    print("您输入的不是数字！")
```

③ 保存运行。将文件保存，文件名为"e23.3.py"。两次运行程序，输入"k""0"，显示结果如下：

```
请输入除数：k
您输入的不是数字！
请输入除数：0
除数不能为 0！
```

 小贴士

这里可以看出，输入"0"时程序满足 ZeroDivisionError 条件，是除零错误；其他错误简单归类到除数不是数字错误。

实验二十四 GUI 和 pyinstaller 库

- 熟悉 Python 创建 GUI 界面的基本方式。
- 掌握 tkinter 模块常用函数的使用。
- 掌握 pyinstaller 库打包程序的基本操作方法。

相关知识

tkinter 模块及相关函数 pyinstaller 库基本操作方法

tkinter 是 Python 的标准 GUI 库，使用 tkinter 可以快速地创建 GUI 应用程序。由于 tkinter 是内置到 Python 的安装包中，因此，只要安装好 Python 之后就能使用 tkinter 库。对于创建简单的图形界面，tkinter 是一个不错的选择。

操作步骤

(1) 一个简单的窗口。练习 tkinter 模块的基本使用。

① 新建程序文件。

② 编写代码。输入下面的代码。

```
#e24.1.py 简单窗口
import tkinter
窗口=tkinter.Tk()
窗口.geometry('320x240')        #窗口大小
窗口.title('我是窗口')           #窗口标题
窗口.mainloop()
```

tkinter 是 Python 进行窗口设计的模块。作为 Python 的自带库，tkinter 是一个图像窗口，可以实现简单的窗口交互功能。

③ 运行程序。将文件保存为"e24.1.py"。程序的运行结果如图 24.1 所示。

图 24.1　程序的运行结果(1)

(2) 带输入输出功能的简单 GUI。编程实现一个简单 GUI，要求在输入框输入内容后，单击"确定"按钮，则在标签中显示与输入框相同的内容。

① 新建程序文件。

② 编写代码。输入下面的代码。

```
#e24.2.py 带输入输出功能的简单 GUI
import tkinter
def 单击():
    s=输入框.get()              #获取输入框内容放入 s
    标签.configure(text=s)       #将 s 显示在标签中
窗口=tkinter.Tk()
窗口.geometry('320x240')
窗口.title('计算器')
输入框=tkinter.Entry(窗口,width=5)
输入框.place(relx=0.1,rely=0.1)
按钮=tkinter.Button(窗口,text='确定',command=单击)
按钮.place(relx=0.5,rely=0.3)
标签=tkinter.Label(窗口)
标签.place(relx=0.1,rely=0.5)
窗口.mainloop()
```

③ 运行程序。将文件保存为"e24.2.py"，并运行。在输入框中输入"你好"，然后单击"确定"按钮。程序的运行结果如图 24.2 所示。

图 24.2　程序的运行结果(2)

tkinter 中通常用输入框做输入对象，标签做输出对象。只要学会使用输入框、按钮和标签三个基本元素，就可以实现程序的基本交互，满足程序的大部分需求。对象.place(relx,rely)表示一个对象位于窗口中的位置，relx 和 rely 分别为横、纵坐标。

(3) 设计 2 的 N 次方运算器。要求在输入框输入一个数字 N，单击"确定"按钮，则在标签中显示 2 的 N 次方的值。

① 新建程序文件。

② 编写代码。输入下面的代码，将代码中下划线带问号部分补充完整。

```
#e24.3.py 设计 2 的 N 次方运算器
import tkinter
def 单击():
    s=eval(输入框.___?___)
    标签.configure(___?___=str(2**s))
窗口=___?___.Tk()
窗口.geometry('320×240')
窗口.___?___('计算器')
输入框=tkinter.Entry(窗口,width=5)
输入框.place(relx=0.3,rely=0.1)
按钮=tkinter.___?___(窗口,text='确定',command=单击)
按钮.place(relx=0.5,rely=0.3)
标签1=tkinter.Label(窗口,text="计算2的")
标签1.place(relx=0.1,rely=0.1)
标签2=tkinter.Label(窗口,text="次方")
标签2.place(relx=0.4,rely=0.1)
标签=tkinter.___?___(窗口)
标签.place(relx=0.1,rely=0.5)
窗口.___?___()
```

③ 运行程序。将文件保存为"e24.3.py"。运行程序，在输入框中输入"80"，单击"确定"按钮，结果如图 24.3 所示。

图 24.3　程序的运行结果(3)

标签既可以显示提示性信息，也可以显示结果。本实验用了三个标签组件。

(4) 使用 pyinstaller 库打包生成可执行文件*.exe。

① 安装 pyinstaller 模块。与安装其他 Python 模块一样，使用 pip 命令安装即可。在命令提示符后输入如下命令，自动完成库的安装。

```
pip install pyinstaller
```

② 将程序文件"e24.3.py"复制到 D 盘根目录下，然后在命令提示符后输入如下命令：

```
D:
pyinstaller -F e24.3.py
```

执行上面的命令，将看到程序打包的详细过程。当打包完成后，将会在 D 盘看到增加了一个 dist 文件夹，文件夹中有"e24.3.exe"文件，这就是使用 pyinstaller 工具生成的.exe 可执行文件。这个.exe 文件可以脱离 Python 独立在其他计算机上运行。

③ 运行"e24.3.exe"，并查看结果。

 小贴士

上述操作同时会在 D 盘根目录下生成 build 文件夹，这个文件夹用来存放打包过程中产生的临时文件，可以安全删除。

实验二十五 数据分析

实验目标

- 熟悉 Matplotlib 库的基本使用。
- 掌握使用 Matplotlib 库绘制折线图的基本方法。
- 掌握 tkinter 库单选按钮的参数设置。

相关知识 ⌄

figure()函数 plot()函数 IntVar()函数 Radiobutton()函数

实验要求

Matplotlib 是 Python 的一个第三方库，提供 2D 绘图功能。Matplotlib 能够生成的图表类型很多，包括直方图、功率谱、条形图、散点图等。

操作步骤

(1) 使用 Matplotlib 库，绘制新型冠状病毒城市数据对比折线图。数据来源：https://www.kaggle.com/sudalairajkumar/novel-corona-virus-2019-dataset/download。数据文件部分内容截取见图 25.1。

SNo	Observation	Province/Sta	Country/Reg	Last Update	Confirmed	Deaths	Recovered
1	1/22/2020	Anhui	China	2020/1/22 17:00	1	0	0
2	1/22/2020	Beijing	China	2020/1/22 17:00	14	0	0
3	1/22/2020	Chongqing	China	2020/1/22 17:00	6	0	0
4	1/22/2020	Fujian	China	2020/1/22 17:00	1	0	0
5	1/22/2020	Gansu	China	2020/1/22 17:00	0	0	0
6	1/22/2020	Guangdong	China	2020/1/22 17:00	26	0	0
7	1/22/2020	Guangxi	China	2020/1/22 17:00	2	0	0
8	1/22/2020	Guizhou	China	2020/1/22 17:00	1	0	0
9	1/22/2020	Hainan	China	2020/1/22 17:00	4	0	0
10	1/22/2020	Hebei	China	2020/1/22 17:00	1	0	0
11	1/22/2020	Heilongjiang	China	2020/1/22 17:00	0	0	0
12	1/22/2020	Henan	China	2020/1/22 17:00	5	0	0
13	1/22/2020	Hong Kong	Hong Kong	2020/1/22 17:00	0	0	0
14	1/22/2020	Hubei	China	2020/1/22 17:00	444	17	28
15	1/22/2020	Hunan	China	2020/1/22 17:00	4	0	0
16	1/22/2020	Inner Mong	China	2020/1/22 17:00	0	0	0
17	1/22/2020	Jiangsu	China	2020/1/22 17:00	1	0	0
18	1/22/2020	Jiangxi	China	2020/1/22 17:00	2	0	0
19	1/22/2020	Jilin	China	2020/1/22 17:00	0	0	0
20	1/22/2020	Liaoning	China	2020/1/22 17:00	2	0	0

图 25.1 表中部分数据

① 新建文件。选择 File→New File 命令，打开程序窗口，输入如下代码：

```python
#e25.1.py 新型冠状病毒城市数据对比
import matplotlib.pyplot as plt
import time as t

#读取数据到列表
fb = open("新型冠状病毒数据.csv", "r")
表格 = []
for line in fb:
    line = line.replace("\n","")              #删除每行数据结尾的换行符
    表格.append(line.split(","))              #将表中一行作为二维列表的一个元素
fb.close()

#获取目标城市的数据
def 获取坐标(城市):
    日期=[]
    确诊=[]
    for i in 表格:
        if 城市 in i:
            t1=t.strptime(i[1],'%m/%d/%Y')
            日期.append(t.strftime('%m.%d',t1))
            确诊.append(eval(i[-3]))
    return 日期,确诊

#按城市表的内容画出折线图
fig = plt.figure(figsize=(12, 6))    #图表大小
城市表=[["Guangdong","b"],["Beijing","g"],\
    ["Liaoning","black"],["Washington","r"]]
for i in 城市表:
    x,y=获取坐标(i[0])
    plt.plot(x,y,color=i[1],linestyle='-',label=i[0])    #绘制折线
x轴间隔=plt.MultipleLocator(5)          #调整 x 轴的标注间隔
ax=plt.gca()                           #ax 为两条坐标轴的实例
ax.xaxis.set_major_locator(x轴间隔)
plt.legend(loc='upper left')           #图例摆放位置，必须放在 show 函数前面一行
plt.show()
```

小贴士

程序首先把数据读入名为"表格"的列表。定义了一个获取坐标的函数，给出城市，则返回城市的疫情数据坐标列表。接下来使用 plt.figure 定义图表尺寸，开始用 plt.plot 绘图，plt.plot 括号中的参数，依次是坐标、颜色、线条形状和图例。为了减少 x 轴刻度标注的重叠，倒数第 3 至第 5 行用来调整 x 轴的标注间隔。这样图表的 x 轴看起来更清晰。plt.legend 用来设置图表的图例位置，这里不能省略且必须放在 plt.show()的前一行，如果省略则图例不会显示。

② 选择 File→Save 命令，保存文件，文件名为"e25.1.py"。

③ 选择 Run→Run Module 命令，运行程序文件。程序的运行结果如图 25.2 所示。

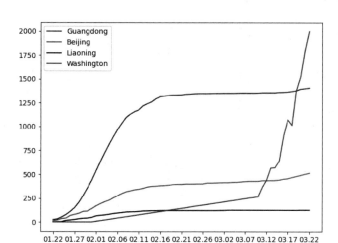

图 25.2　数据对比折线图

(2) 编写带窗口程序"e25.2.py"，实现两个城市三种数据的对比。程序可以根据不同的输入和选项，显示相应的对比折线图。

① 新建文件。

② 编写代码。

```
#e25.2.py  GUI 新型冠状病毒城市数据对比
import matplotlib.pyplot as plt
import time as t
import tkinter as tk

#读取数据到列表
fb = open("新型冠状病毒数据.csv", "r")
表格 = []
for line in fb:
    line = line.replace("\n","")            #删除每行数据结尾的换行符
    表格.append(line.split(","))            #将表中一行作为二维列表的一个元素
fb.close()

#获取目标城市的数据
def 获取坐标(城市,选项):
    日期=[]
    数据=[]
    for i in 表格:
        if 城市 in i:
            t1=t.strptime(i[1],'%m/%d/%Y')
            日期.append(t.strftime('%m.%d',t1))
            数据.append(eval(i[选项]))
    return 日期,数据
```

```
#单击按钮则按输入和选择的内容画出折线图
def 单击():
    c=单选按钮.get()
    城市1=输入框1.get()                    #获取输入框内容放入 s
    城市2=输入框2.get()
    城市表=[[城市1,"b"],[城市2,"g"]]
    fig = plt.figure(figsize=(12, 6))
    for i in 城市表:
        x,y=获取坐标(i[0],c)
        plt.plot(x,y,color=i[1],linestyle='-',label=i[0])
    x轴间隔=plt.MultipleLocator(5)    #调整 x 轴的标注间隔
    ax=plt.gca()         #ax 为两条坐标轴的实例
    ax.xaxis.set_major_locator(x轴间隔)
    plt.legend(loc='upper left')       #图例摆放位置，必须放在 show 函数前面一行
    plt.show()


#窗口的布局和初始化
窗口=tk.Tk()
窗口.geometry('320x240')
窗口.title('两城市数据对比')
输入框1=tk.Entry(窗口,width=10)
输入框1.place(relx=0.3,rely=0.4)
输入框2=tk.Entry(窗口,width=10)
输入框2.place(relx=0.3,rely=0.5)
按钮=tk.Button(窗口,text='查询',command=单击)
按钮.place(relx=0.5,rely=0.7)
标签1=tk.Label(窗口,text='城市1')
标签1.place(relx=0.1,rely=0.4)
标签2=tk.Label(窗口,text='城市2')
标签2.place(relx=0.1,rely=0.5)
选项=[("确诊",-3),("死亡",-2),("治愈",-1)]
单选按钮组 = tk.IntVar()
for m,n in 选项:
    b = tk.Radiobutton(窗口,text=m,variable=单选按钮组,value=n)  #设置单选按钮选项
    b.pack()
窗口.mainloop()
```

小贴士

这个程序与程序"e25.1.py"大体相同，后面加入了窗口初始化模块，窗口上部的单选按钮是一个组合控件，首先定义一个名为"选项"的列表，然后用"tk.IntVar()"定义一个"单选按钮组"，最后用循环定义"单选按钮组"的每个选项。其 Radiobutton 中的参数 text 表示选项内容，value 表示选项的值。在"查询"按钮的"单击"函数中用 get 函数获取用户的选项和输入内容，按照变量"c"的取值，获取表中后三列的数据。最后按照读取的数据绘制折线图。

③ 保存运行。将文件保存，文件名为"e25.2.py"。运行程序，显示窗口如图 25.3 所

示。选中"确诊"单选按钮，城市 1 输入"Beijing"，城市 2 输入"Washington"。单击"查询"按钮，显示的折线图如图 25.4 所示。关闭折线图窗口，选择其他选项和输入其他城市，查看结果的变化。

图 25.3　程序运行窗口

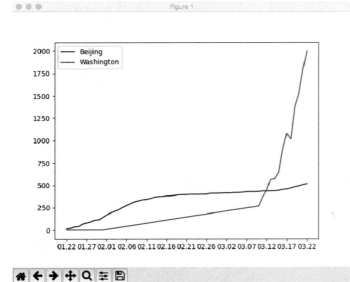

图 25.4　两城市对比折线图

实验二十六　网络爬虫

实验目标

- 了解 requests 库的使用。
- 了解正则表达式的应用。
- 了解 BeautifulSoup 库的使用。

相关知识　∨

使用 requests 库获取网页页面　使用 BeautifulSoup 库对网页页面内容进行解析　使用正则表达式获取网页链接字符串

实验要求

以沈阳师范大学的"师大要闻"栏目(http://news.synu.edu.cn/39/list1.htm)为例，利用 Python 语言收集新闻页面，每个新闻页面保存为一个文本文件。

操作步骤

(1) 分析网页结构。

① 打开浏览器，在地址栏中输入地址"news.synu.edu.cn/39/list1.htm"，可以看到"师大要闻"首页，如图 26.1 所示。"师大要闻"首页显示 10 条新闻。

图 26.1　"师大要闻"首页

② 单击页面下方的"下一页"链接，显示下一框架下的 10 条新闻内容，同时网址会变为"news.synu.edu.cn/39/list2.htm"。

③ 单击某个新闻标题，在新页面显示新闻内容，新闻内容网页的网址类似"http://news.synu.edu.cn/2020/0629/c39a69353/page.htm"结构。

经过分析可知，"师大要闻"的存储结构为：

框架页面存储在 news.synu.edu.cn/39/路径下，文件名依次为 list1、list2、…

新闻页面存储在 news.synu.edu.cn/年/月日/字母数字混合文件夹名/路径下，文件名为 page.htm。

(2) 编写代码，抓取页面。

① 安装 requests 库和 BeautifulSoup 库。在命令行环境下使用 pip install requests 命令和 pip install beautifulsoup4 命令，安装两个第三方库。

② 打开 IDLE，选择 File→New File 命令，建立一个程序"e26.1.py"。

③ 在新程序窗口中建立以下程序。

```python
#e26.1.py 抓取师大要闻
import requests as rs
from bs4 import BeautifulSoup
import re
def save(t,synu):
    f=open("d:\\synu_news\\"+t+".txt","wb")
    f.write(synu.encode("utf-8"))
    f.close()
def 抓新闻页面(url):
    final=""
    r=rs.get(url)
    r.encoding="utf-8"
    soup=BeautifulSoup(r.text,features="html.parser")
    news_article = soup.select('div.wp_articlecontent > p')
    for i in range(len(news_article)-1):
        if news_article[i].text!="":final += "    "+news_article[i].text + '\r\n'
    return final
n=0
for j in range(1,101):      #只抓取 100 页，可以根据需要加大或缩小循环终值
    框架号=j
    p=rs.get("http://news.synu.edu.cn/39/list"+str(框架号) +".htm")
    框架内容=p.text
    url_list=list(set(re.findall('href="/[a-zA-Z0-9\./\-]+page.htm"', 框架内容)))
    #利用正则表达式查找新闻页面，加入列表
    #网页上有多项重复网址，利用集合数列类型的性质可以删除重复内容
    urllist=["http://news.synu.edu.cn"+u[6:len(u)-1] for u in url_list]
    #利用列表生成式形成完整的网址列表
    for k in urllist:
        新闻全文=抓新闻页面(k)
        n=n+1
        save("新闻"+str(n),新闻全文)
```

```
        print("框架页面 list%d，完成%d 个文件"%(框架号,urllist.index(k)+1))
else:
    print("抓取完毕，共抓取新闻页面%d 个"%(n))
```

④ 在 D 盘建立一个空文件夹 synu_news，运行程序后抓取的新闻页面将保存在该文件夹内。

⑤ 保存程序并按 F5 键运行，运行过程中在 IDLE 中提醒当前抓取的框架和该框架下新闻页面的数量，如图 26.2 所示。访问 D 盘下 synu_news 文件夹，可以看见保存下来的文本文件，如图 26.3 所示。

图 26.2　程序正在抓取页面　　　　　　图 26.3　抓取下来的新闻页面

本例只以简单的"新闻 1.txt""新闻 2.txt"来命名，如果需要在文件名中出现作者姓名、发布日期、新闻标题等信息，需要再使用 BeautifulSoup 库对网页页面进行解析，得到相关字符串后组成新闻文件标题，如图 26.4 所示。因篇幅所限，这里不再赘述，请参考"e26.2.py"文件。

图 26.4　带作者姓名、新闻标题等信息的新闻文件列表

实验二十七　PDF 文件转文本文件

实验目标

- 了解 pdfminer 库的使用。
- 了解字符编码。

相关知识　⌄

pdfminer 库的 extract_text 函数　　python 的字符编码

实验要求

　　PDF(Portable Document Format，可携带文档格式)是一种常见的文件格式，也是一种平台无关的文档，在任何操作系统下都通用，可以方便地由 PDF 制作工具或者文本编辑工具生成。本节实验使用 Python 的第三方库 pdfminer.six 将 PDF 文件中的文字抓取下来，形成txt 文件。

操作步骤

(1) 准备一个 PDF 文件。

pdfminer.six 库只能解析由文本编辑软件制作生成的文件，比如 Word 生成的 PDF 文件，一些通过扫描或者拍摄形成的 PDF 文件，pdfminer.six 库不能提取出文件中的文字。比如在 D 盘下有一个由文本编辑软件 Word 制作生成的文件"比赛内容.pdf"，打开后如图 27.1 所示。

附件1　2020 年大赛内容、分类、承办院校与决赛时间

一、说明

　　1. 2020年大赛内容共分14大类（组），其中软件应用与开发、微课与教学辅助、物联网应用、信息可视化设计、计算机音乐创作和计算机音乐创作(专业组)，原则上维持在2019年的模式。

　　2. 大数据、人工智能两类是近两年新开展的赛事，处在完善过程，所以可能还会有小的调整，请注意相关信息。

　　3. 数媒类按相关专家组2019年10月中旬杭州会议的意见，在原有数媒赛项各小类的基础上，重新进行了组合，梳理成数媒静态设计，数媒动漫与短片，数媒交互设计等三大类，每大类又下设若干小类。受到了相当程度的肯定。

　　也有相当一部分数媒界有影响的老师，还有一些省级赛负责人，考虑到赛事历史传统等各种因素，有着不同的看法。这很正常。

图 27.1　PDF 文件的内容

如果选择一部分文字再复制回 Word 或者文本文件中，会过滤掉一些格式符号，比如回车符等，形成连续的文字段，不好区分，如图 27.2 所示。我们使用 pdfminer.six 库中的 extract_text 函数，可以避免这种情况，尽量还原 PDF 文件中原有的文字格式。

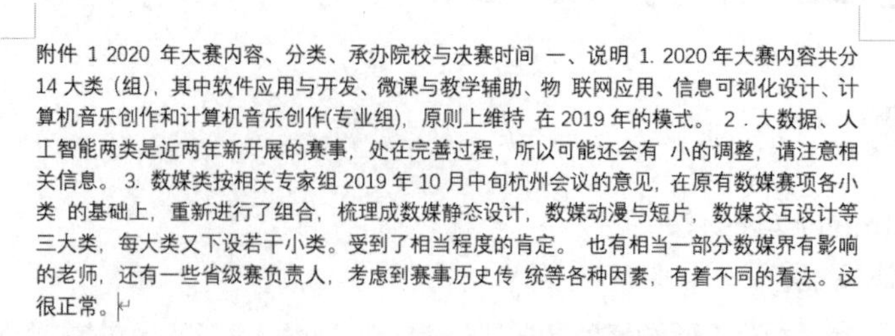

附件 1 2020 年大赛内容、分类、承办院校与决赛时间 一、说明 1. 2020 年大赛内容共分 14 大类（组），其中软件应用与开发、微课与教学辅助、物 联网应用、信息可视化设计、计 算机音乐创作和计算机音乐创作(专业组)，原则上维持 在 2019 年的模式。 2．大数据、人 工智能两类是近两年新开展的赛事，处在完善过程，所以可能还会有 小的调整，请注意相 关信息。 3. 数媒类按相关专家组 2019 年 10 月中旬杭州会议的意见，在原有数媒赛项各小 类 的基础上，重新进行了组合，梳理成数媒静态设计，数媒动漫与短片，数媒交互设计等 三大类，每大类又下设若干小类。受到了相当程度的肯定。 也有相当一部分数媒界有影响 的老师，还有一些省级赛负责人，考虑到赛事历史传 统等各种因素，有着不同的看法。这 很正常。

图 27.2　将文字复制到 Word 中的格式

(2) 编写代码，提取 PDF 文件中的文字。

① 安装 pdfminer.six 库。在命令行环境下使用 pip install pdfminer.six 命令安装第三方库。

② 打开 IDLE，选择 File→New File 命令，建立一个程序"e27.py"。

③ 在新程序窗口中建立以下程序。

```
#e27.py 提取 PDF 文件中的文字
from pdfminer.high_level import extract_text
text=extract_text(r"d:\比赛内容.pdf")
with open(r"d:\比赛内容.txt","wb") as fd:
    fd.write(text.encode("utf-8"))    #将提取出的文本以 utf-8 编码保存在文本文件中
        fd.close()
```

④ 保存程序并按 F5 键运行。运行结束后，访问 D 盘下"比赛内容.txt"文件，可以看到从 PDF 文件中提取出的文字内容，如图 27.3 所示。可以看出，文件基本保持了原有 PDF 文件的文字格式。

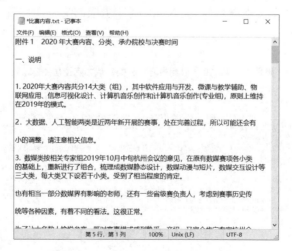

图 27.3　从 PDF 文件中提取出的文本

extract_text 函数在只有文件路径和文件名参数下，默认是提取 PDF 文件中的所有文字。该函数还提供了两个常用的参数——page_numbers 和 maxpages，分别用于设置提取的 PDF 文件页面号码和最大页面数。例如：

```
text=extract_text(r"d:\比赛内容.pdf",page_numbers=[0,2,4])
#提取 PDF 文件中的第 0、2、4 页的文字
text=extract_text(r"d:\比赛内容.pdf",maxpages=5)
#提取 PDF 文件中的前 5 页文字
```

附录 A　turtle 库常用命令

类　别	命　令	说　明
绘制和 移动命令	forward(distance)	向当前画笔方向移动 distance 像素长度，可简写为 fd()
	backward(distance)	向当前画笔相反方向移动 distance 像素长度，可简写为 back()或 bk()
	circle(radius, extent,steps=N)	画圆。radius 为半径，可为正(负)，表示圆心在画笔的左边(右边)画圆；extent 为圆心角，省略该参数画完整的圆，添加该参数画圆弧；steps=参数绘制内切于圆或者圆弧的 n 边形
	dot(r,color)	绘制一个指定直径和颜色的圆点
	right(degree)	按当前方向顺时针旋转到 degree 角度，可简写为 rt()
	left(degree)	按当前方向逆时针旋转到 degree 角度，可简写为 lt()
	setheading(angle)	设置当前朝向为 angle 角度，海龟初始正右方为 0°，可简写为 seth()
	setx()	将海龟画笔 x 轴移动到指定坐标
	sety()	将海龟画笔 y 轴移动到指定坐标
	goto(x,y)	将海龟画笔移动到坐标为 x,y 的位置，相当于一次设置了 setx 和 sety
	home()	设置当前海龟画笔位置为原点，指向正右方
	stamp()	在当前位置画一个印章(海龟箭头的形状)，并记录该印章 id
	clearstamp(id)	清除某 id 的印章
	clearstamps(n)	清除前 n 个印章
	write(str ,font=("font-name", font_size,"font_type"))	在海龟画笔处写文本。str 为文本内容；font 是可选的字体的参数，可设置字体、字号、字型
	undo()	撤销上一个动作
	clearscreen()	清除画布上的笔迹，可简写为 clear()
画笔和 绘图状态	pendown()	落笔，移动海龟画笔时绘制图形，可简写为 pd()
	penup()	提笔，移动海龟画笔时不绘制图形，可简写为 pu()或 up()
	isdown()	判断画笔是否落下，结果为逻辑值
	shape(形状参数)	设置海龟画笔的形状，默认为箭头，还可以设置为 turtle、circle、square、triangle、classic 等形状
	shapesize()	设置画笔大小，默认为 1
	hideturtle()/showturtle()	隐藏/显示海龟画笔
	pensize()	设置画笔宽度，默认为 1 像素

续表

类　别	命　令	说　明
画笔和 绘图状态	pen()	可设置多个画笔状态，例如：pen(pencolor="red", fillcolor="green",pensize=10)
	speed(0-10)	设置画笔移动速度。由 1 到 10 依次加快，0 为最快速
	delay()	设置绘图延迟。数值越大，画得越慢
	tracer()	设置为 0 或者 False 时，关闭绘图状态，直接显示最后结果；默认为 1，正常绘图；可以加第二参数，设置绘图延迟，数字越大，画得越慢
颜色控制	pencolor()	设置海龟画笔颜色，括号内加颜色字符串或颜色代码
	fillcolor()	设置填充颜色，括号内加颜色字符串或颜色代码
	color(color1, color2)	可同时设置画笔颜色和填充颜色
	colormode()	设置用数字代表颜色。参数可以设置为 1.0 或 255。使用 1.0 时，用三个小数代表三原色的量，例如 colormode(0.8,0.2,0.4)；使用 255 时，用三个整数代表三原色的量，例如 colormode(255,255,0)
	begin_fill()	设置开始填充位置
	end_fill()	在上一个开始填充位置后绘制的图形中填充 fillcolor 指定的颜色
窗口设置	setup(width,height,left,top)	设置海龟窗口的宽度、高度和显示位置。Width 和 height 为正数时代表像素，为小数时代表占显示器的百分比。省略 left 和 top 参数，窗口显示在屏幕正中
	screensize(width,height,color)	设置画布的宽度、高度和颜色
	bgcolor()	设置背景颜色
	bgpic()	设置背景图片，括号内给出图片文件的路径和文件名
	resetscreen()	重置画布，可简写为 reset()
	bye()	关闭海龟窗口
	title()	设置海龟窗口的标题
输入	textinput()	显示输入框，可以输入文字信息
	numinput()	显示输入框，可以输入数字信息

附录 B　实训教材习题

一、单选题

1. 下列哪种语言不属于现有计算机语言演变过程?(　　)
   A. 机器语言　　　　　　　　　　　B. 汇编语言
   C. 高级语言　　　　　　　　　　　D. 自然语言

2. 下列选项中不属于结构化程序设计原则的是(　　)。
   A. 模块化　　　　　　　　　　　　B. 逐步求精
   C. 可封装　　　　　　　　　　　　D. 自顶向下

3. 结构化程序所要求的基本结构不包括(　　)。
   A. 重复(循环)结构　　　　　　　　B. 选择(分支)结构
   C. 顺序结构　　　　　　　　　　　D. goto 跳转

4. 在进行程序设计时，应该遵循的原则是(　　)。
   A. 不限制 goto 语句的使用　　　　B. 程序结构应该有助于读者理解
   C. 程序越短越好　　　　　　　　　D. 减少或者取消注释行

5. 程序设计，主要强调的是(　　)。
   A. 程序的易读性　　　　　　　　　B. 程序的规模
   C. 程序的效率　　　　　　　　　　D. 程序的先进性

6. 程序流程图中，用什么形状代表判断?(　　)。
   A. 矩形　　　　B. 椭圆形　　　　C. 菱形　　　　D. 箭头

7. 下面的特点不属于 Python 语言的是(　　)。
   A. 非开源　　　　B. 免费　　　　C. 跨平台　　　　D. 解释执行

8. 下面导入标准库的语句，不正确的是(　　)。
   A. from math import sqrt　　　　　B. from random import random
   C. from math import *　　　　　　D. import *

9. Python 安装扩展库常用的工具是(　　)。
   A. import　　　　B. pip　　　　C. def　　　　D. from

10. 运行 Python 的快捷键是(　　)。
    A. Alt+F5　　　　B. F5　　　　C. Ctrl+F5　　　　D. Win+F5

11. 在 IDLE 环境中，如果想重复以前执行过的命令，可以使用哪个快捷键?(　　)
    A. Alt+N 或 Alt+P　　B. Ctrl+X　　C. Ctrl+C　　D. Ctrl+[

12. Python 程序文件的扩展名为(　　)。
    A. .txt　　　　B. .psd　　　　C. .docx　　　　D. .py

13. Python 程序的两种运行方式为(　　)。
    A. 命令行，文件执行　　　　　　　B. 命令行，立即执行
    C. 编译执行，文件执行　　　　　　D. 解释执行，编译执行

14. 高级语言的程序基本结构 IPO，分别是(　　　)。
  A. 数据处理，数据输入，数据输出　　　　B. 数据输入，数据处理，数据输出
  C. 数据输入，数据输出，数据处理　　　　D. 数据输出，数据输入，数据处理

15. Python 中使用(　　　)表示代码块，不需要使用大括号。
  A. 中括号　　　　　　B. 小括号　　　　　　C. 缩进　　　　　　D. #号

16. Python 中使用(　　　)注释语句和运算。
  A. 冒号:　　　　　　B. 双引号"　　　　　　C. #号　　　　　　D. 单引号'

17. 运行 Python 程序可以使用的快捷键为(　　　)。
  A. F1　　　　　　　B. F10　　　　　　　C. F4　　　　　　　D. F5

18. Python 语言的官网网址是(　　　)。
  A. https://www.python.com/　　　　　　B. https://www.python.edu.cn/
  C. https://pypi.python.org/pypi　　　　　D. https://www.python.org/

19. 不是 Python 合法关键字的是(　　　)。
  A. 7a_b　　　　　　B. a_b　　　　　　C. _a$b　　　　　　D. 7ab

20. 下面的选项中，叙述正确的是(　　　)。
  A. Python 3.x 与 Python 2.x 兼容
  B. Python 语句只能以程序方式执行
  C. Python 是解释性语言
  D. Python 语言出现得晚，具有其他高级语言的一切优点

21. 在定义一个新的类时，不能定义这个类的(　　　)。
  A. 类名　　　　　　B. 数据类型　　　　　C. 属性　　　　　　D. 方法

22. 下列选项中，不是 Python 的关键字的是(　　　)。
  A. for　　　　　　　B. true　　　　　　　C. if　　　　　　　D. import

23. 下列选项中，不是 Python 合法的变量名的是(　　　)。
  A. _AI　　　　　　　B. TempStr　　　　　C. 3_1　　　　　　D. i

24. 下列选项中描述错误的是(　　　)。
  A. 使用 import turtle 引入 turtle 库
  B. 使用 import turtle as t 引入 turtle 库，取别名为 t
  C. 可以使用 from turtle import setup 引入 turtle 库
  D. import 关键字用于导入模块或者模块中的对象

25. 在一行中写多条 Python 语句时，需要使用的符号是(　　　)。
  A. 逗号　　　　　　B. 点号　　　　　　C. 冒号　　　　　　D. 分号

26. 下列选项中描述错误的是(　　　)。
  A. 注释可以用于解释代码原理或者用途
  B. 注释可以辅助程序调试
  C. Python 注释语句不被解释器过滤掉，也不被执行
  D. 注释可用于标明作者和版权信息

27. 下列选项不是 Python 的数据类型的是(　　　)。
  A. 整数　　　　　　B. 浮点数　　　　　　C. 字符串　　　　　D. 实数

28. 下列选项中可用作 Python 标识符的是(　　)。
    A. Ab_c　　　　　　B. 3B9909　　　　　　C. it's　　　　　　D. ^_^

29. 关于 Python 的"缩进",下列选项中正确的是(　　)。
    A. 缩进必须统一为 4 个空格
    B. 缩进在程序中长度统一且强制使用
    C. 缩进可以用在任何语句之后,表示语句间的包含关系
    D. 缩进是非强制性的,仅为了提高代码可读性

30. 下列选项中不是 Python 合法标识符的是(　　)。
    A. MyGod　　　　　　B. 5MyGod　　　　　　C. _MyGod_　　　　　　D. MyGod5

31. Python 3.5 版本的保留字(关键字)总数是(　　)。
    A. 33　　　　　　B. 29　　　　　　C. 28　　　　　　D. 35

32. 关于 Python 的类,下列说法错误的是(　　)。
    A. 类的实例方法必须创建对象后才可以调用
    B. 类的实例方法在创建对象前才可以调用
    C. 类的类方法可以用对象和类名来调用
    D. 类的静态属性可以用类名和对象来调用

33. Python 中,标准库和第三方库用(　　)命令导入后才能使用。
    A. input　　　　　　B. import　　　　　　C. print　　　　　　D. eval

34. 使用下列哪个方法,可以让对象像函数一样被调用?(　　)
    A. str()　　　　　　B. iter()　　　　　　C. call()　　　　　　D. next()

35. 下面选项描述不正确的是(　　)。
    A. forward(distance)　向当前画笔方向移动 distance 像素长度,可简写为 fd()
    B. right(degree)　　按当前方向顺时针旋转到 degree 角度,可简写为 rt()
    C. left(degree)　　　按当前方向顺时针旋转到 degree 角度,可简写为 lt()
    D. setheading(angle)　设置当前朝向为 angle 角度。海龟初始正右方为 0°,可简写为 seth()

36. 下面的选项描述不正确的是(　　)。
    A. pendown()　落笔。移动海龟画笔时绘制图形,可简写为 pd()
    B. penup()　　提笔。移动海龟画笔时不绘制图形,可简写为 pu()或 up()
    C. circle(radius, extent,steps=N)　画圆。radius 为半径,只能为正,不能为负
    D. goto(x,y)　将海龟画笔移动到坐标为 x,y 的位置

37. 下面的选项描述不正确的是(　　)。
    A. clear()　　清除画布上所绘制的图形,海龟画笔位置和方向不变
    B. home()　　设置当前海龟画笔位置为原点,指向正上方
    C. pencolor()　　设置海龟画笔颜色,括号内加颜色字符串或颜色代码
    D. fillcolor()　　设置填充颜色,括号内加颜色字符串或颜色代码

38. 关于 turtle 库中的 setup()函数,以下选项中描述错误的是(　　)。
    A. turtle.setup 函数的作用是设置主窗体的大小和位置
    B. turtle.setup 函数的作用是设置画笔的尺寸

C. 执行下面的代码，可以获得一个宽为屏幕的 50%、高为屏幕的 75%的主窗口

```
import turtle
turtle.setup(0.5,0.75)
```

D. setup()函数的定义为 turtle.setup(width,height,startx,starty)

39. 关于 turtle 库的形状绘制函数，以下选项中描述错误的是(　　)。

　　A. turtle.seth(to_angle) 函数的作用是设置小海龟当前行进方向为 to_angle，to_angle 是角度的整数值

　　B. circle()函数的定义为 turtle.circle(radius,extent=None,steps=None)

　　C. 执行如下代码，绘制得到一个角度为 120°、半径为 180 的弧形

```
import turtle
turtle.circle(120,180)
```

　　D. turtle.fd(distance)函数的作用是向小海龟当前行进方向前进 distance 距离

40. x=5，执行语句 y=x**2 后，y 的值为(　　)。

　　A. 5　　　　　　　　B. 10　　　　　　　　C. 15　　　　　　　　D. 25

41. 语句 print(10,20,30,sep=':')的输出结果为(　　)。

　　A. 10:20:30　　　　B. 10 20 30　　　　C. 10，20，30

　　D.

　　10

　　20

　　30

42. print(10,20,sep=',',end='*')的结果为(　　)。

　　A. 10,20*　　　　　B. 10 20　　　　　　C. 10,20　　　　　　D. 10 20*

43. 执行如下代码后：

```
>>> a=input()
>>> b=input()
```

分别输入"冬天"和"春天"，要显示"好想对你说，冬天过去了，春天一定会来的!"，正确的 print 语句为(　　)。

　　A. >>> print('好想对你说，%d 过去了，%s 一定会来的!'%(a,b))

　　B. >>> print('好想对你说，%s 过去了，%s 一定会来的!'%(a,b))

　　C. >>> print('好想对你说，%s 过去了，%s 一定会来的!'%(a))

　　D. >>> print('好想对你说，%s 过去了，春天一定会来的!'%(a,b))

44. 执行如下代码后，显示的结果为(　　)。

```
>>> pi=3.1415926
>>> r=10
>>> area=pi*r**2
>>> print('%.2f'%area)
```

　　A. 314.15926　　　　　　　　　　　　B. 314.16

　　C. 3.141593e+02　　　　　　　　　　　D. 3.141593*100

45. 执行如下代码后，显示的结果为(　　)。

```
>>> pi=3.1415926
>>> r=10
>>> area=pi*r**2
>>> print('%e'%area)
```

    A. 3.141593e+02　　　　　　　　　　　B. 314.15926

    C. 314.16　　　　　　　　　　　　　　D. 3.141593E+02

46. 执行如下代码后，显示的结果为(　　)。

```
>>> x=10
>>> y=3
>>> s='x**y'
>>> print(eval(s))
```

    A. 1000　　　　　　B. x**y　　　　　　C. error　　　　　　D. 'x**y'

47. 执行如下代码，当输入 100 和 200 后，显示的结果为(　　)。

```
a=input()
b=input()
c=a+b
print(c)
```

    A. 300　　　　　　B. 100200　　　　　　C. a+b　　　　　　D. 200

48. 执行如下代码，当输入 100 和 200 后，显示的结果为(　　)。

```
a=eval(input())
b=eval(input())
c=a+b
print(c)
```

    A. 300　　　　　　B. 100200　　　　　　C. 100　　　　　　D. 200

49. 定义类如下，选项中错误的是(　　)。

```
class  Test():
    pass
```

    A. 该类实例中包含_dir_( )方法

    B. 该类实例中包含_hash_( )方法

    C. 该类实例中只包含_dir_( )方法，不包含_hash_( )方法

    D. 该类虽然没有定义任何方法，但该实例中包含默认方法

50. 表达式 7//3**2 的结果为(　　)。

    A. 4　　　　　　B. 0　　　　　　C. 1　　　　　　D. 2

51. 执行如下代码，显示的结果为(　　)。

```
>>> x=10
>>> y=30
>>> s='x+y'
>>> print(eval(s))
```

A. 40   B. x+y   C. error   D. 1040

52. 下列关于 self 的说法错误的是(　　)。

    A. 在类中定义实例方法时，通常第一个参数是实例对象本身，命名为 self

    B. self 代表类的实例，而非类

    C. 把 self 换成 this，结果一样

    D. _init_方法的第二个参数必须是 self

53. 表达式 1<2<3 的值为(　　)。

    A. true   B. false   C. True   D. False

54. 表达式 (7%3)**2 的结果为(　　)。

    A. 4   B. 0   C. 1   D. 2

55. 以下代码的输出结果是(　　)。

```
x=12+2*((5*8)-14)//6
print(x)
```

    A. 25.0   B. 65   C. 20   D. 24

56. 以下关于 Python 语言的描述中，正确的是(　　)。

    A. 条件 4<=5<=6 是合法的语句，结果为 False

    B. 条件 4<=5<=6 是不合法的语句

    C. 条件 4<=5<=6 是合法的语句，结果为 True

    D. 条件 4<=5<=6 是不合法的语句，抛出异常错误

57. 表达式 3**2*4//6%7 的计算结果为(　　)。

    A. 3   B. 5   C. 4   D. 6

58. 以下代码的输出结果为(　　)。

```
a=10.98
print(complex(a))
```

    A. 0.98   B. 10.98i+j   C. 10.98   D. (10.98+0j)

59. 在 Python 中，以下哪个是正确表达的数字？(　　)。

    A. 0B1014   B. 0b1010   C. 0B1019   D. 0bC3F

60. 以下代码的输出结果为(　　)。

```
a=3.6e-1
b=4.2e3
print(b-a)
```

    A. 4199.64   B. 7.8e2   C. 0.6e-4   D. 4199.064

61. 以下关于内置函数的说法错误的是(　　)。

    A. 内置函数是不需要使用 import 语句导入，可以直接使用的函数

    B. 绝对值 abs()函数是内置函数

    C. 序列 range()函数是内置函数

    D. 开平方 sqrt()函数是内置函数

62. 表达式 divmod(40,3)的结果为(　　)。

A. 13，1   B. (13，1)   C. 13   D. 1

63. 下面哪个语句在 Python 中是不允许使用的？(　　)

    A. x=y=z=1   B. x=(y=z+1)

    C. x,y=y,x   D. x+=y

64. 假设 x=2，赋值语句 x*=3+5**2 的结果是(　　)。

    A. 28   B. 56   C. 31   D. 30

65. 下列关于对象的说法，错误的是(　　)。

    A. Python 中的一切内容都可以是对象

    B. 对象是类的实例

    C. 类不是一个具体的实体，对象才是一个具体的实体

    D. 在 Python 中，一个对象的特征也称为方法

66. 下列关于类和对象的关系的叙述正确的是(　　)。

    A. 包含关系   B. 对等关系

    C. 抽象与具体的关系   D. 对象是类的抽象

67. 下面表达式的计算结果为 0 的选项是(　　)。

    A. 4*3*2//(6%3)   B. 4*3*2//6%3

    C. 4*3**2/6%3   D. 4*3**2//6%3

68. 关于 Python 语句 P=-P，以下选项中描述正确的是(　　)。

    A. P 的绝对值   B. P 等于它的负数

    C. P=0   D. 给 P 赋值为它的相反数

69. 下面代码的执行结果是(　　)。

```
print(pow(3,0.5)*pow(3,0.5)==3)
```

    A. 3   B. pow(3,0.5)*pow(3,0.5)==3

    C. True   D. False

70. 用来判断当前 Python 语句是否在分支结构中的是(　　)。

    A. 缩进   B. 大括号   C. 冒号   D. 引号

71. 以下选项中描述正确的是(　　)。

    A. 条件 24<=28<25 是不合法的

    B. 条件 35<=45<75 是合法的，且输出为 False

    C. 条件 24<=28<25 是合法的，且输出为 True

    D. 条件 24<=28<25 是合法的，且输出为 False

72. 用于生成随机小数的函数是(　　)。

    A. randrange()   B. randint()

    C. random()   D. getrandbits()

73. 以下选项中能够最简单地在列表['apple','pear','peach','orange']中随机选取一个元素的是(　　)。

    A. choice()   B. random()

C. sample()   D. shuffle()

74. 下面代码的输出结果是(   )。

```
for i in range(5):
    print(123,end='; ')
```

    A. 123;123;123;123;123;

    B. 123 123 123 123 123;

    C. 123;123;123;123;123

    D. 123 123 123 123 123

75. 下面代码的输出结果是(   )。

```
for i in range(1,10,3):
    print(i,end=" ")
```

    A. 1 4 7   B. 1 3 5 7 9

    C. 1 5 9   D. 1 4 7 10

76. 表达式 5 if 5>6 else(6 if "3">"2" else 5)的值是(   )。

    A. 6   B. 5   C. 2   D. 3

77. 执行下列程序语句后，print(n)输出结果为(   )。

```
k=1000
n=0
while k>1:
    n+=1
    k=k//2
print(n)
```

    A. 9   B. 10   C. 11   D. 8

78. 执行下列程序语句后，print(n)输出结果为(   )。

```
k=1000
n=0
while k>=1:
    n+=1
    k=k//2
print(n)
```

    A. 9   B. 10   C. 11   D. 12

79. 执行下列程序语句后，print(n)输出结果为(   )。

```
k=1000
n=0
while k>1:
    n+=1
    k=k/2
print(n)
```

    A. 9   B. 10   C. 11   D. 12

80. 执行下列程序语句后，输出结果为(   )。

```
for i in "python":
    for j in range(1,4):
        print(i,end="")
```

  A. pythonpythonpython   B. pyth

  C. python   D. pppyyytttthhhooonnn

81. 执行下列程序语句后，输出结果为( )。

```
for i in "python":
    for j in range(1,4):
    if i=="t":
        break
    print(i,end="")
```

  A. pythonpythonpython   B. pyth

  C. python   D. pppyyytttthhhooonnn

82. 下列快捷键中能够中断 Python 程序运行的是( )。

  A. Ctrl + F6   B. Ctrl + C

  C. Ctrl + Q   D. F6

83. 下面的代码，不会输出 1、2、3 三个数字的是( )。

A.

```
for i in range(1,4):
    print(i)
```

B.

```
list1=[1,2,3]
for i in list1:
    print(i)
```

C.

```
i = 1
while i<4:
    print(i)
    i+=1
```

D.

```
for i in range(3):
    print(i)
```

84. 执行下列语句，当输入 100 和 200 后，输出结果为( )。

```
>>>a=input()
>>>b=input()
>>>c=a+b
>>>print(c)
```

  A. 300   B. 100200

C. a+b   D. 200

85. 关于程序的异常处理，下列选项中描述错误的是(　　)。
    A. 程序发生异常经过妥善处理后，程序可以继续执行
    B. 异常语句可以与 else 和 finally 保留字配合使用
    C. 编程语言中的异常和错误是完全相同的概念
    D. Python 通过 try、except 等保留字提供异常处理功能

86. 下列 Python 保留字中，不用于表示分支结构的是(　　)。
    A. elif   B. if   C. in   D. else

87. 关于 Python 的分支结构，下列选项中描述错误的是(　　)。
    A. Python 中 if…elif…else 语句描述多分支结构
    B. 分支结构使用 if 保留字
    C. 分支结构可以向已经执行过的语句部分跳转
    D. Python 中 if…else 语句用来形成二分支结构

88. 关于 Python 循环结构，下列选项中描述错误的是(　　)。
    A. Python 通过 for、while 等保留字构建循环结构
    B. 遍历循环中的遍历结构可以是字符串、文件、组合数据类型和 range()函数等
    C. continue 结束整个循环过程，不再判断循环的执行条件
    D. continue 用来结束当前这一次循环，但不跳出当前的循环体

89. 下面代码的输出结果是(　　)。

```
for s in "HelloWorld":
    if s=="W":
        continue
    print(s,end="")
```

    A. Helloorld   B. HelloWorld
    C. World   D. Hello

90. 实现多路分支的最佳控制结构是(　　)。
    A. if   B. try   C. if…elif…else   D. if…else

91. 下列选项中能够实现 Python 循环结构的是(　　)。
    A. loop   B. while   C. if   D. do

92. 下面代码的输出结果是(　　)。

```
for i in range(1,6):
    if i%3 == 0:
        break
    else:
        print(i,end =",")
```

    A. 1,2,   B. 1,2,3,
    C. 1,2,3,4,5,6   D. 1,2,3,4,5,

93. 对下列程序的描述错误的是(　　)。

```
try:
    #语句块 1
except  IndexError as i:
    # 语句块 2
```

  A. 程序进行了异常处理，因此一定不会终止程序

  B. 程序进行了异常处理，不会因 IndexError 异常引发终止

  C. 语句块 1，如果抛出 IndexError 异常，不会因为异常终止程序

  D. 语句块 2 不一定会执行

94. 下面程序段中的 k 取哪组值时，程序的输出结果为 3？（ ）

```
if k<=10 and k >0:
    if k >5:
        if k>8:
            x=0
        else:
            x=1
    else:
        if k>2:
            x=3
        else:
            x=4
print(x)
```

  A. 3,4,5   B. 2,3,4   C. 5,6,7   D. 4,5,6

95. 下列 Python 语句正确的是( )。

  A. min = x if x < y else min = y   B. max = x > y ? x : y

  C. if (x > y) print x   D. while True : pass

96. 以下程序的运行结果为( )。

```
s=0
for i in range(0,100):
    if i%2==0:
        s-=i
    else:
        s+=i
else:
    print(s)
```

  A. 49   B. -49   C. 50   D. -50

97. 对于以下程序，描述错误的是( )。

```
for i in range(1,10):
    for j in range(1,i+1):
        print("{}*{}={}\t".format(i,j,i*j),end="")
    print("")
```

  A. 代码执行错误

  B. 外层循环变量 i 的取值范围是 1 到 9

C. 内层循环变量 j 的取值范围是 1 到 i

D. 代码的作用是打出一个九九乘法表

98. list1=[1,2,3,4,5,6,7,8,9]，list1[3:7]的值是(   )。

    A. [4,5,6,7]   B. [5,6,7,9]

    C. [3,4,5,6]   D. [3,4,5,6,7]

99. 表达式[1,2,3]*3 的值为(   )。

    A. [1, 2, 3, 1, 2, 3, 1, 2, 3]   B. [1, 2, 3],[1, 2, 3], [1, 2, 3]

    C. [1,1,1,2,2,2,3,3,3]   D. [1,1,1],[2,2,2],[3,3,3]

100. 表达式 list(range(1, 11, 3))的值为(   )。

    A. [1,4,7,10]   B. [1,4,7]

    C. [1,2,3]   D. [1,3,5,7]

101. 已知 list1=[1,2,3]，执行语句 x=list1.append(4)后，x 的值是(   )。

    A. [1，2，3，4]   B. [4，1，2，3]

    C. [1，2，3]   D. 1，2，3，4

102. 已知 list1=[1,2,3]，执行 list1.pop()后的结果是(   )。

    A. 1   B. 2   C. 3   D. None

103. 已知 list1=[1,2,3]，执行 list1.pop(2)后的结果是(   )。

    A. 1   B. 2   C. 3   D. 出错

104. 已知 list1=[1,2,3,4]，执行 list1.pop()后的结果是(   )。

    A. 1   B. 2   C. 3   D. 4

105. 已知 list1=[1,2,3,1,2,3]，执行 list1.pop(1)后，list1 的值为(   )。

    A. [1,3,1,2,3]   B. [2,3,2,3]

    C. [1,3,1,3]   D. [1,2,3,1,2]

106. 已知 list1=[1,2]，list2=[1,3,4]，执行 list1+list2 后的结果是(   )。

    A. 11   B. 7

    C. [1，2，3，4]   D. [1,2,1,3,4]

107. len([i*i for i in range(3)])的计算结果是(   )。

    A. 3   B. 9   C. 4   D. 6

108. 已知 x={"a":1, "b":2}，则表达式"a" in x 的值为(   )。

    A. True   B. False   C. 1   D. 2

109. 已知 x={"a":1, "b":2}，则表达式"b" in x 的值为(   )。

    A. True   B. False   C. 1   D. 2

110. 已知 x={"a":1, "b":2}，则表达式 1 in x 的值为(   )。

    A. True   B. False   C. 1   D. 2

111. 已知 x={"a":1, "b":2}，则表达式 1 in x.values()的值为(   )。

    A. True   B. False   C. 1   D. 2

112. 已知 x={"a":1, "b":2}，则表达式 1 in x.items()的值为(   )。

    A. True   B. False   C. 1   D. 2

113. 已知 list1=[1,2,3,4]，能输出[4, 3, 2, 1]的表达式是(   )。

A. list1[::-1]   B. list1[::1]

C. list1[-4::-1]   D. list1[-4:-1:1]

114. 已知 list1=[1,2,3,4]，不能输出[1, 2, 3, 4]的表达式是(   )。

    A. list1[0::1]   B. list1[::1]

    C. list1[0:3:1]   D. list1[::]

115. 下列语句不能建一个字典的是(   )。

    A. dict1 = {}

    B. dict1={('五班', 7): ['张晓红', '女']}

    C. dict1={name="张平"，age=18}

    D. dict1={"name":"张平","age":18}

116. 下列对象是不可变对象的是(   )。

    A. 列表   B. 字符   C. 字典   D. 集合

117. 下列对象是可变对象的是(   )。

    A. 列表   B. 元组   C. 数值   D. 字符

118. 下列语句不能定义元组的是(   )。

    A. a=(1,4,7)   B. a=(1)   C. a=(1,)   D. a=()

119. 表达式 type({3:3})的值为(   )。

    A. dict   B. int   C. set   D. str

120. 下列选项中，不是具体的 Python 序列类型的是(   )。

    A. 数组类型   B. 元组类型

    C. 列表类型   D. 字符串类型

121. 给定字典 d，下列选项中对 d.values()的描述正确的是(   )。

    A. 返回一个元组类型，包括字典 d 中所有值

    B. 返回一个列表类型，包括字典 d 中所有值

    C. 返回一种 dict_values 类型，包括字典 d 中所有值

    D. 返回一个集合类型，包括字典 d 中所有值

122. 给定字典 d，下列选项中可以清空该字典并保留变量的是(   )。

    A. d.remove()   B. del d

    C. d.clear()   D. d.pop()

123. 关于 Python 的元组类型，下列选项中描述错误的是(   )。

    A. 元组中元素不可以是不同类型

    B. Python 中元组采用逗号和圆括号(可选)来表示

    C. 元组一旦创建就不能被修改

    D. 一个元组可以作为另一个元组的元素，可以采用多级索引获取信息

124. 关于 Python 的列表，下列选项中描述错误的是(   )。

    A. Python 列表是一个可以修改数据项的序列类型

    B. Python 列表的长度不可变

    C. Python 列表用中括号([ ])表示

    D. Python 列表是包含 0 个或者多个对象引用的有序序列

125. 关于 Python 序列类型的通用操作符和函数，下列选项中描述错误的是(　　)。

　　A. 如果 s 是一个序列，x 是 s 的元素，x in s 返回 True

　　B. 如果 s 是一个序列，x 不是 s 的元素，x not in s 返回 True

　　C. 如果 s 是一个序列，s =[1,"kate",True]，s[－1] 返回 True

　　D. 如果 s 是一个序列，s =[1,"kate",True]，s[3] 返回 True

126. 下列语句不能创建一个字典的是(　　)。

　　A. dict1 = {}　　　　　　　　　　　B. dict2 = { 4 : 6 }

　　C. dict3 = {[4,5,6]: "uesr"}　　　　　D. dict4 = {(4,5,6): "uesr"}

127. 下列语句不能创建一个集合的是(　　)。

　　A. s = set ()　　　　　　　　　　　B. s = set("abcd")

　　C. s = (1, 2, 3, 4)　　　　　　　　　D. s = frozenset((3,2,1))

128. 以下哪个类型不可以进行切片操作？(　　)。

　　A. str　　　　　　B. list　　　　　　C. dict　　　　　　D. tuple

129. 下面代码的输出结果是(　　)。

```
tupa = (12, 34.56)
tupb = ('abc', 'xyz')
tupc = tupa + tupb
print(tupc[1])
```

　　A. 12　　　　　　B. 34.56　　　　　　C. abc　　　　　　D. xyz

130. 下列选项中属于元组的是(　　)。

　　A. (21,32,43,45)　　　　　　　　　　B. 'Hello'

　　C. [21,32,43,45]　　　　　　　　　　D. 21

131. 字典 dic1={'a':123, 'b':456, 'c':789}，len(dic1)的结果是(　　)。

　　A. 9　　　　　　B. 12　　　　　　C. 3　　　　　　D. 6

132. 元组变量 t=("cat", "dog", "tiger", "human")，t[::-1]的结果是(　　)。

　　A. ['human', 'tiger', 'dog', 'cat']

　　B. {'human', 'tiger', 'dog', 'cat'}

　　C. 运行出错

　　D. ('human', 'tiger', 'dog', 'cat')

133. 下列哪个选项不是面向对象的基本功能(　　)。

　　A. 保存　　　　　B. 封装　　　　　C. 继承　　　　　D. 多态

134. 关于 Python 列表，下列选项中描述错误的是(　　)。

　　A. s 是一个列表，a 是 s 的元素，a in s 返回 True

　　B. s 是一个列表，s =[1,"kate",True]，s[3] 返回 True

　　C. s 是一个列表，s =[1,"kate",True]，s[－1] 返回 True

　　D. s 是一个列表，a 不是 s 的元素，a not in s 返回 True

135. 列表 list1=[[9,8],[7,6],[5,4],[3,2],[1,0]]，能够获得数字 4 的选项是(　　)。

　　A. list1[3][2]　　　　　　　　　　　B. list1[－3][－1]

　　C. list1[2][2]　　　　　　　　　　　D. list1[－2][0]

136. 下面的命令执行结果是(   )。

```
x="Hello"
y=2
print(x*y)
```

    A. Hello   B. HelloHello   C. Hell2   D. 2

137. str="this is a test"，执行命令 str.split()的结果是(   )。

    A. ["this is a test"]   B. ['this', 'is', 'a', 'test']

    C. 'this', 'is', 'a', 'test'   D. None

138. str="this is a test"，执行命令 str.find('s')的结果是(   )。

    A. 3 6 12   B. 3   C. 6   D. 12

139. str="this is a test"，执行命令 str.count()的结果是(   )。

    A. 14   B. 出错   C. 4   D. None

140. str="this is a test"，执行命令 len(str.split())的结果是(   )。

    A. 14   B. 出错   C. 4   D. None

141. str="this is a test"，执行命令 str.split(sep="s")的结果是(   )。

    A. ['this', 'is', 'a', 'test']   B. ['thi', ' i', ' a te', 't']

    C. ['thi', 'i', 'ate', 't']   D. None

142. str="this is a test"，执行命令 str.replace("t","T")的结果是(   )。

    A. 'this is a test'   B. 'This is a test'

    C. 'This is a Test'   D. 'This is a TesT'

143. 表达式 chr(ord('a')+5) 的值为(   )。

    A. b   B. c   C. f   D. A

144. 语句"python" in "Hello Python!"的执行结果是(   )。

    A. None   B. True   C. False   D. 出错

145. str="python 程序设计"，执行 str[2:6]命令后的结果是(   )。

    A. 'ython'   B. 'thon'   C. '程序设计'   D. 'thon 程'

146. str="python 程序设计"，执行结果是"pto 程设"的选项是(   )。

    A. str[0::2]   B. str[0:0:2]

    C. str[-1:-10:2]   D. str[-1:-10:-2]

147. str="python 程序设计"，执行 str[-1::-1]后结果是(   )。

    A. 'python 程序设计'   B. '计设序程 nohty'

    C. '设序程 nohtyp'   D. '计设序程 nohtyp'

148. str="python\n 程序设计"，执行 print(str)的结果是(   )。

    A. 'python\n 程序设计'   B. python

                                    程序设计

    C. 'python 程序设计'   D. 出错

149. 执行命令'123123123'.count('123')后的结果是(   )。

    A. 3   B. 1   C. 9   D. None

150. 执行命令'hello python'.upper()后的结果是(　　)。

  A. 'Hello python'　　　　　　　　B. 'Hello Python'

  C. 'HELLO PYTHON'　　　　　　D. 'hello python'

151. 执行命令'hello python'.title()后的结果是(　　)。

  A. 'Hello python'　　　　　　　　B. 'Hello Python'

  C. 'HELLO PYTHON'　　　　　　D. 'hello python'

152. 表达式'Hello Python!'[-4]的值是(　　)。

  A. l　　　　　　　B. t　　　　　　　C. h　　　　　　　D. o

153. 下列对于函数的定义正确的是(　　)。

  A. def fun(a,*b):　　　　　　　　B. def fun(a,2):

  C. def fun(*a,*b):　　　　　　　D. def fun(**a,b):

154. 下面的命令执行结果是(　　)。

```
x=10
def fun(x):
    x+=2
fun(x)
print(x)
```

  A. 12　　　　　　B. 2　　　　　　C. 10　　　　　　D. 出错

155. 下面的命令执行结果是(　　)。

```
x=10
def fun(x):
    x+=2
    return x
print(fun(x))
```

  A. 12　　　　　　B. 2　　　　　　C. 10　　　　　　D. None

156. 下面的命令执行结果是(　　)。

```
a=[1,2,3]
def fun(a):
    append(1)
fun(a)
print(a)
```

  A. [1]　　　　　　B. [1,2,3]　　　　　C. [a]　　　　　　D. 出错

157. Python 中定义函数的关键字是(　　)。

  A. return　　　　　B. def　　　　　　C. range　　　　　D. for

158. 在函数内部可以通过关键字定义全局变量的是(　　)。

  A. global　　　　　B. def　　　　　　C. for　　　　　　D. chr

159. 如果函数中没有 return 语句或者 return 语句不带任何返回值,该函数的返回值为
(　　)。

  A. False　　　　　B. None　　　　　C. none　　　　　D. True

160. 执行下列语句后,输出的结果是(　　)。

```
fun=lambda x,y:max(x,y)
fun(3,4)
```

A. 4　　　　　　B. 3　　　　　　C. 7　　　　　　D. None

161. 执行下列语句后，输出的结果是(　　)。

```
fun=lambda x:x[len(x)-3]
fun([1,2,3,4,5,6])
```

A. 4　　　　　　B. 6　　　　　　C. 3　　　　　　D. 5

162. 执行下列语句后，输出的结果是(　　)。

```
fun=lambda x:x[0:len(x)-3]
fun([1,2,3,4,5,6])
```

A. [1,2,3,4]　　　　　　　　B. [1 2,3,4,5]
C. [1,2]　　　　　　　　　　D. [1,2,3]

163. 执行下列语句后，输出的结果是(　　)。

```
f1=lambda x:x/3;f2=lambda y:y**2; print(f1(f2(6)))
```

A. 4　　　　　　B. 4.0　　　　　　C. 12　　　　　　D. 12.0

164. 执行下列语句后，输出的结果是(　　)。

```
s=0
n=0
def func():
    global s
    for i in range(10):
        s+=1
    n=15
func()
print(s, n)
```

A. 10 15　　　　B. 10 0　　　　C. 0 0　　　　D. 9 0

165. 创建类时用变量形式表示的数据成员称为(　　)。

A. 类名　　　　B. 类型　　　　C. 属性　　　　D. 方法

166. 执行下列语句后，输出的结果是(　　)。

```
s=0
n=0
def func():
    global s
    for i in range(10):
        s+=i
    n=15
func()
print(s, n)
```

A. 10 15　　　　B. 10 0　　　　C. 45 15　　　　D. 45 0

167. 执行如下代码：

```
def func(a,b):
    c=a+b**2
    b=a
    return c
a=2
b=5
c=func(a,b)+b
```

下列选项中描述正确的是( )。

  A. 执行该函数后，变量 c 的值为 27

  B. 执行该函数后，变量 a 的值为 5

  C. 执行该函数后，变量 b 的值为 2

  D. 该函数名称为 func

168. 执行如下代码：

```
def func(a,b):
    c=a+b**2
    b=a
    return c
a=2
b=5
c=func(a,b)+b
```

下列选项中描述正确的是( )。

  A. 执行该函数后，变量 c 的值为 7

  B. 执行该函数后，变量 a 的值为 5

  C. 执行该函数后，变量 b 的值为 2

  D. 执行该函数后，变量 c 的值为 32

169. 表达式 sorted(["Hello", (2,3), 1,True], key=lambda x: len(str(x))) 输出的结果是
( )。

  A. ["Hello", (2,3), 1,True]   B. [1, (2, 3) ,True, 'Hello']

  C. [1, True, 'Hello', (2, 3)]   D. [(2, 3) , 1,True,'Hello']

170. 执行下列语句后，输出的结果是( )。

```
def func(k1=1,k2=2,k3=3):
    s=k1*2+k2+k3
    return s
print (func(k3=5,k1=3,k2=4))
```

  A. 7   B. 13   C. 15   D. 14

171. 执行下列语句后，输出的结果是( )。

```
def func(k1=1,k2=2,k3=3):
    s=k1*2+k2+k3
    return s
print (func(3,4))
```

  A. 7   B. 13   C. 15   D. 14

172. 执行下列语句后，输出的结果是(   )。

```
def func(k1=1,k2=2,k3=3):
    s=k1*2+k2+k3
    return s
print (func(k3=5,k2=4))
```

  A. 11   B. 13   C. 15   D. 14

173. 执行下列语句后，输出的结果是(   )。

```
str = 'Hello'
def func():
    str = 'Python'
print(str)
func()
print(str)
```

  A. Hello   B. Python   C. Python   D. Hello

   Python   Python   Hello   Hello

174. 执行下列语句后，输出的结果是(   )。

```
def fun(y=2,x=4):
    global z
    z+=y*x
    return z
z=10
a=3
b=5
print(z,fun())
```

  A. 10 8   B. 8 8   C. 10 18   D. 10 12

175. 用来删除对象属性的函数是(   )。

  A. getattr()   B. hasattr()   C. setattr()   D. delattr()

176. 执行下列语句后，输出的结果是(   )。

```
def fun(y=2,x=4):
    global z
    z+=y*x
    return z
z=10
a=3
b=5
print(z,fun(a,b))
```

  A. 10 8   B. 10 22   C. 10 25   D. 10 12

177. 执行下列语句：

```
import turtle
def func(**a):
    turtle.color(a["y2"],a["y3"])
    turtle.pensize(a["y4"])
```

```
   turtle.begin_fill()
   turtle.circle(a["y1"],steps=a["y5"])
   turtle.end_fill()
func(y1=70,y2="yellow",y3="red",y4=3,y5=6)
turtle.hideturtle()
```

输出为( )边形。

    A. 3   B. 4   C. 5   D. 6

178. Python 读写文件的操作非常简单，使用下列哪个函数可以打开一个文件？( )

    A. read()   B. write()   C. open()   D. close()

179. 下列哪种模式，是 Python 使用 open()函数打开文件的默认访问模式？( )

    A. w   B. r   C. a   D. rb

180. 命令 fo = open("t.txt","w+")表示( )。

    A. 打开文件只用于写入。如果该文件已存在，就将其覆盖；如果该文件不存在，则创建新文件

    B. 以只读方式打开文件。文件的指针将会放在文件的开头

    C. 打开文件用于追加。如果该文件已存在，文件指针将会放在文件的结尾；如果该文件不存在，则创建新文件进行写入

    D. 打开文件用于读写。如果该文件已存在，就将其覆盖；如果该文件不存在，则创建新文件

181. Python 使用 open()函数打开文件时，下列说法错误的是( )。

    A. 可以使用绝对路径，从磁盘根目录开始一直到文件名

    B. 可以使用相对路径，指相对于当前程序所在的文件夹，同一个文件夹下的文件

    C. 如果文件在上一层文件夹，则要使用 "../"

    D. 以 "r" 方式打开文件；若文件不存在，则会创建新文件

182. 下列命令中，不是 Python 读取文件方法的是( )。

    A. read()   B. seek()

    C. readline()   D. readlines()

183. 下列关于 csv 文件的描述，错误的是( )。

    A. csv 格式是用逗号分隔开的数据格式

    B. csv 文件可以使用 Excel 打开

    C. Python 打开 csv 文件不能使用 open()函数

    D. csv 文件可以转换为 xlsx 文件

184. 下列函数中用来切换路径的是( )。

    A. os.getcwd()   B. os.chdir()

    C. os.listdir()   D. os.mkdir()

185. 关于 Python 内置 os 模块，下列说法错误的是( )。

    A. os 模块是与操作系统交互的一个接口

    B. os.remove()用于删除一个文件

    C. os.rename()用于重命名文件或文件夹

    D. os.rmdir()用于删除文件夹及其子文件夹

186. Python 使用下列哪条命令来捕获异常？（   ）。

    A. try/except   B. if/else

    C. while   D. for

187. 关于 Python 中的文件处理，下列选项中描述错误的是(   )。

    A. Python 通过解释器内置的 open()函数打开一个文件

    B. Python 中，当文件以文本方式打开时，读写采用字节流方式

    C. 文件使用后要用 close()方法关闭，以释放文件的使用授权

    D. Python 能够以文本和二进制两种方式处理文件

二、判断题

1.   Python 的标识符首字符可以是数字、字母或下划线。   （   ）

2.   Python 的标识符区分字母的大小写，X 和 x 代表不同的变量。   （   ）

3.   Python 3.x 版本完全兼容 Python 2.x 版本。   （   ）

4.   Python 语言在 2008 年进行了一次大的版本升级，从 2.x 版本升级到 3.x 版本。这两种版本的语法一致，没有改变。   （   ）

5.   为了让代码更加紧凑，编写 Python 程序时应尽量避免加入空格和空行。   （   ）

6.   高级语言的执行方式可以分为编译执行和解释执行。Python 语言是一种编译执行的高级语言。   （   ）

7.   在 Python 中可以动态地增加或删除对象的属性。   （   ）

8.   Python 中，可以认为 Student 和 student 是同一个变量。   （   ）

9.   Python 中，可以用中文作为变量的名字。   （   ）

10. Python 中的一切内容都可以看成对象，包括字符串、列表和字典。   （   ）

11. Python 用代码中的缩进格式表示逻辑关系，所以对缩进的要求很严格。 （   ）

12. 使用 open()函数以 "w" 模式打开的文件，文件指针默认指向文件尾。   （   ）

13. 使用 open()函数打开文件时，只要文件路径正确就总是可以正确打开。   （   ）

14. os 库中的 remove()方法可以用来删除带有只读属性的文件。   （   ）

15. 在 Python 中可以使用 for 作为变量名。   （   ）

16. 加法运算符+也可以用来连接字符串并生成新字符串。   （   ）

17. os 标准库中的 exists()方法可以用来测试给定路径的文件是否存在。 （   ）

18. 标准库 os 中的方法 isdir()用来测试给定的路径是否为文件夹。   （   ）

19. 标准库 os 中的方法 listdir()返回包含指定路径中所有文件和文件夹名称的列表。

                                                          （   ）

20. 假设 random 模块已导入，表达式 random.sample(range(10), 7) 的作用是生成 7 个不重复的整数。   （   ）

21. Python 使用运算符 "//" 来计算除法。   （   ）

22. 转义字符 "\n" 的含义是换行符。   （   ）

23. 标准 math 库中用来计算幂的函数是 sqrt。   （   ）

24. 在 Python 中运算符+不仅可以实现数值的相加、字符串连接，还可以实现集合的并集运算。　　　　　　　　　　　　　　　　　　　　　　　　　　　　(　　)

25. 使用 Windows 记事本不能打开二进制文件。　　　　　　　　　　(　　)

26. 使用普通文本编辑器，可以正常查看二进制文件的内容。　　　　(　　)

27. 二进制文件可以使用记事本或文本编辑器打开，但是一般来说无法正常查看其中的内容。　　　　　　　　　　　　　　　　　　　　　　　　　　　　　　(　　)

28. 标准库 os 中的方法 isfile()用来测试给定的路径是否为文件夹。　　(　　)

三、填空题

1. 如果把多条 Python 语句写在同一行，需要用(　　)符号将各条语句分隔开来。

2. 已知 x = 3，执行语句 x += 6 后，x 的值为(　　)。

3. 表达式 1234%1000//100 的值为(　　)。

4. 表达式(-(-(4-1)*-2-1)*-2-1)*-2-1 的结果为(　　)。

5. 设 a = 2，b = 3，c = 4，则表达式 print(not a <= c or 4*c == b**2 and b != a + c)的结果为(　　)。

6. 表达式 3.657e2 的结果为(　　)。

7. 已知 x = 3，执行语句 x *= 6 后，x 的值为(　　)。

8. 表达式 1234%1000//10 的值为(　　)。

9. 设 a = 2，b = 3，c = 4，则表达式 print(not a <= c and 4*c == b**2 or b != a + c)的结果为(　　)。

10. Python 对文件进行写入操作后，(　　)方法用来在不关闭文件对象的情况下，将缓冲区内容写入文件。

11. Python 用函数(　　)来打开或创建文件并返回文件对象。

12. 上下文管理关键字(　　)可以用来管理文件对象，不论何种原因结束该关键字中的语句块，都能保证文件被正确关闭。

13. Python 的 os 标准库中，能够列出指定文件夹中的文件和子文件夹列表的方法是(　　)。

14. 标准库 os.path 中，(　　)方法用来判断指定文件是否存在。

15. 标准库 os.path 中，能够判断指定路径是否为文件的方法是(　　)。

16. 标准库 os.path 中，用来判断指定路径是否为文件夹的方法是(　　)。

17. 标准库 os.path 中，用来获取指定路径中的文件扩展名的方法是(　　)。

四、阅读程序

1. 下面程序的运行结果是(　　)。

```
s = 0
for i in range(1,21):
    s += i
    if i == 10:
        print(s)
        break
```

```
    else:
        s-=1
```

2. 运行下面的程序，s 输入字符串 "There are 4123 students in the school"(不包括双引号)，程序的运行结果为(　　)。

```
s= input('input a string:')
letter=space=digit=0
for c in s:
    if c.isalpha():
        letter+=1
    elif c.isspace():
        space+=1
    elif c.isdigit():
        digit+=1
print(letter+digit)
```

3. 下面程序的运行结果是(　　)。

```
total=0
for i in range(1,4):
    for j in range(1,4):
        for k in range(1,4):
            if ((i!=j)and(j!=k)and(k!=i)):
                total+=1
print(total)
```

4. 运行下面的程序，n 输入 "10"(不包括双引号)，程序的运行结果为(　　)。

```
n=eval(input("输入一个数字"))
if 1<=n<=20:
    x=10
elif n in [2,4,6]:
    x=20
elif n<10:
    x=30
elif n==10:
    x=40
print(x)
```

5. 运行下面的程序，x、y 分别输入 "42" 和 "77"(不包括双引号)，程序的运行结果为(　　)。

```
x=eval(input('输入整数 x: '))
y=eval(input('输入整数 y: '))
while y % x!=0:
    x,y=y%x,x
print(x)
```

6. 下面的程序中，当输入 60 时，程序的运行结果为(　　)。

```
x = eval(input("请输入一个整数："))
t = x
```

```
i = 2
result = []
while True:
    if t==1:
        break
    if t%i==0:
        result.append(i)
        t = t/i
    else:
        i+=1
print(x,'=','*'.join([str(i) for i in result]))
```

7. 下面的程序中，当输入"Just Do It"时，程序的运行结果为( )。

```
s =input("请输入一个字符串: ")
d={"UPPER":0, "LOWER":0}
for c in s:
    if c.isupper():
        d["UPPER"]+=1
    elif c.islower():
        d["LOWER"]+=1
print (d["UPPER"],d["LOWER"])
```

8. 下面程序的运行结果为( )。

```
ls=[]
for i in range(1,11):
    ls.append(i)
ls2=[]
for i in ls:
    if int(i)%2==0:
        ls2.append(i)
print(ls2)
```

9. 运行下面的程序，输入字符串"343,44,232,345,2325,40"(不包括双引号)，程序的运行结果为( )。

```
data = input("输入: ")
a = data.split(",")
b = []
for i in a:
    b.append(int(i))
print(max(b))
```

10. 下面程序的运行结果为( )。

```
list=[3,5,4,9,6]
for i in range(4):
    for j in range(i+1,5):
        if list[i]<list[j]:
            list[i],list[j]=list[j],list[i]
print(list)
```

11. 下面程序的运行结果为(　　　)。

```
num=[]
for i in range(2,10):
    for j in range(2,i):
        if i%j==0:
            break
    else:
        num.append(i)
print(sum(num))
```

12. 执行如下代码后，显示的结果为(　　　)。

```
>>> a=100
>>> b=c=120
>>> a,b=b,a
>>> print(a,b,c)
```

13. 执行如下代码后，显示的结果为(　　　)。

```
>>> a,b=100,200
>>> a+=10
>>> b*=10
>>> print("a+b=",a+b)
```

14. 执行如下代码后，显示的结果为(　　　)。

```
>>> x=15
>>> y=12
>>> x,y=y,x+y
>>> z=x+y
>>> print(x,y,z)
```

15. 执行如下代码后，显示的结果为(　　　)。

```
>>> x=5
>>> y=3
>>> 10+5**-1*abs(x-y)
```

16. 执行如下代码后，显示的结果为(　　　)。

```
>>> x=5
>>> y=3
>>> 5**(1/3)/(x+y)
```

17. 执行如下代码后，显示的结果为(　　　)。

```
>>> x=5
>>> y=3
>>> divmod(x,y)
```

18. 执行如下代码后，显示的结果为(　　　)。

```
>>> x=5
>>> y=3
```

```
>>> int(pow(x,x/y))
```

19. 执行如下代码后，显示的结果为(　　　)。

```
>>> x=5
>>> y=3
>>> round(pow(x,x/y),4)
```

20. 执行如下代码后，显示结果为(　　　)。

```
>>> sum(range(0,10,2))
```

21. 执行如下代码后，显示的结果为(　　　)。

```
>>> x=5
>>> y=3
>>> 100//y%x
```

22. 执行如下代码后，显示的结果为(　　　)。

```
>>> x=5
>>> y=3
>>> x>y and x%2==0 and y%2==1
```

23. 执行如下代码后，显示的结果为(　　　)。

```
def demo(*p):
    return sum(p)
print(demo(1,2,3))
```

24. 执行如下代码后，显示的结果为(　　　)。

```
try:
    int(s1)
except NameError:
    print("变量未定义")
except:
    print("其他错误")
```

25. 执行如下代码后，显示的结果为(　　　)。

```
S1 = 'Hello Python'
try:
    int(s1)
except NameError:
    print("变量未定义")
except:
    print("其他错误")
```

26. 执行如下代码后，显示的结果为(　　　)。

```
s="Python 程序设计"
print(len(s),chr(65),ord('B'),'100'+str(200))
```

27. 程序代码如下，运行程序后，显示的结果为(　　　)。

```
a=10
b=10
def func():
    a=100
    b=200
    c=a*b
func()
print(a,b)
```

28. 程序代码如下，运行程序后，显示的结果为(   )。

```
a=10
b=10
def func():
    global a
    a=100
    b=200
    c=a*b
func()
print("a=",a,"b=",b)
```

29. 程序代码如下，运行程序后，显示的结果为(   )。

```
def func(a,b=3):
    c=a*b
    print(c)
a=10
b=10
func(a,b)
```

30. 程序代码如下，运行程序后，显示的结果为(   )。

```
def func(a,b=3):
    c=a*b
    print(c)
a=10
b=10
func(a)
```

31. 程序代码如下，运行程序后，显示的结果为(   )。

```
def func(a,b):
    s=0
    for i in range(a,b):
        s=s+i
    return s

a=10
b=20
print(func(a,b))
```

32. 程序代码如下，运行程序后，显示的结果为(   )。

```
def func(a=1,b=10):
    s=0
```

```
    for i in range(a,b):
        s=s+i
    return s
a=10
b=20
print(func())
```

33. 程序代码如下，运行程序后，显示的结果为(   )。

```
def func(a=1,b=10):
    s=0
    for i in range(a,b):
        s=s+i
    return s
a=10
b=20
print(func(b=20))
```

34. 执行如下代码，显示的结果为(   )。

```
 f=lambda x,y:x*y;f(3,6)"
```

35. 下列表达式的值为(   )。

```
sorted(["aa1", False, 3], key=lambda x: len(str(x)))
```

36. 下列表达式的值为(   )。

```
sorted([100, 10, 1000], key=lambda x: len(str(x)))
```

37. 下列表达式的值为(   )。

```
sorted(["黑色", "红色", "黄色"]
key=lambda x: len(str(x)))
```

38. 执行如下代码后，x 的值为(   )。

```
x = [3, 22, 111],
x.sort(key=lambda x: len(str(x)), reverse=True)
```

39. 执行如下代码后，x 的值为(   )。

```
x = [3, 22, 111]
x.sort(key=lambda x: len(str(x)), reverse=False)
```

40. 执行如下代码后，显示的结果是为(   )。

```
a=[1,2,3,4,5]
def map(x):
    for i in range(len(x)):
        x[i]+=5
map(a)
print(a)
```

五、程序填空

1. 下面代码的功能是：随机生成 50 个[1,20]之间的整数，然后统计每个整数出现的频率。请填写程序中缺少的内容。

```
import random
x = [random.___1___(1,20) for i in range(___2___)]
r = dict()
for i in x:
    r[i] = r.get(i,___3___)+1
for k, v in r.items():
    print(k, v)
```

2. 用近似公式 e=1+1/1!+1/2!+…+1/n!求自然对数的底数(即自然常数)e 的值，直到最后一项的绝对值小于 10^{-6} 为止。请填写程序中缺少的内容。

```
i=1
e=1
t=1
while (1/t>=___1___(10,-6)):
    t*=i
    e+=1/t
    ___2___
print(e)
```

3. 下面程序的功能是读取文本文件 "a.txt" 的前三个字符，请把程序补充完整。

```
file =_____('a.txt','r')
ret = file.read(3)
print(ret)
file._____()
```

4. 下面程序的功能是判断是否出现除数为零错误，请把程序补充完整。

```
_____:
    1/0
_____ZeroDivisionError:
    print("除数为 0 错误")
except:
    print("其他错误")
```